KB157373

서울대 합격시킨

아날로그 공부법

서울대 합격시킨

두 아들 서울대 보낸 엄마의 솔직 담백한 이야기

아날로그 공부법

이소영 지음

태인문화사

PROLOGUE

작은아이도 서울대학교에 합격하자 주변 사람들이 농반진반으로 책을 써보라고 했다. 그들이 알고 싶은 것은 '아이들이 어떻게 서울대학교에 합격할 수 있었는지?' 혹은 '공부법'에 대한 노하우였다. 하지만 나는 딱히 아이들을 서울대학교에 보내는 법도 모르고 공부법이 있는 것도 아니었다. 더욱이 평소에도 '공부법', '영어 빨리 잘하는 법', '독서법' 등에 대하여 관심도 없었다.

공부는 아이들 스스로 찾아서 하는 것이고, 아이들 각자가 스스로 공부하다 보면 자기만의 공부법을 생기는 것이라고 생각했다. 아이들이 머리를 써서 공부를 하는 것이지, 절대 억지로 공부시킬 수 없었다. 중학교 때까지는 부모들의 등살에 공부를 하다 가도 고등학교에서 들어가서 학업을 포기한 아이들을 주변에서 흔하게 볼 수 있었다.

소위 '강남 8학군'에 있는 고등학교에 전교 1등으로 들어가 선서하고 입학한 후 조용히 사라진 아이, 전교 7등으로 고등학교에 입학해서 거의 꼴찌로 졸업한 아이, 공부를 해도 학교에서 성적이 중간 정도밖에 나오지 않는다고 학교를 그만 둔 아이, 특목고(특수목적고등학교)를 가려고 중학생 때 선행학습 하다가 엄마와 싸운 후 병원 간 아이 등등. 주변에서 일어났던 이런저런 일들을 보면서 내가 내린 결론은 내가 아이를 낳아 기르면 절대로 그렇게 하지는 않겠다는 다짐이었다.

이후 엄마가 된 나는 당연히 내가 키우는 아이들은 자연스럽게, 저절로, 바르게, 공부도 잘하게 되는 줄 알았다. '나는 모범답안을 쥐고 있는 엄마니까'라는 이유만으로 자신만만했다. 큰아이가 초등학교 2학년 때까지만 해도 엄마인 나는 '갑', 큰아이는 '을'로서 역할 수행을 잘하고 있었다.

그런데 담임 선생님의 전화 한 통화로 나는 뭔가 잘못 되었다는 사실을 직감할 수 있었다. 선생님은 "그 집 아이 ADHD 아니에요?"라고 소리쳤다. 그제야 정신을 차리고 큰아이를 보니, '나는 절대 하지 말아야겠다.' 하고 다짐했던 것들을 내가 하고 있다는 사실을 깨닫게 되었다.

그제야 비로소 나는 내가 '을'이고 자식이 '갑'인 것을 인정하지 않을 수 없었다. 갑자기 내가 '을'이 된 다음, 엄마로서 나는 진짜 무엇을 어떻게 해야 하는지 몰라 눈물 바람으로 찾아 나섰다. 그때를 생각해보면 누군가가 '이렇게 했더니 좋았더라'라는 말 한마디라도 들었더라면 '조금 덜 힘들지 않았을까.' 하는 생각이 들었다. 이런 심정으로 내가 겪었던 경험들을 아이들을 키우면서 고민하는 엄마들과 공유하고 싶었다.

'서울대학교에 보내는 공부법이 있을까?'

나는 '특별한' 공부법이 아닌, 그저 공부할 수 있는 환경을 만들어 주었던 것뿐이다. 물론 영어·수학·한문 등을 나름대로 열심히 공부시켰다. 초등학교 때까지는 옆에 끼고 가르쳤다. 중학교 때는 부족한 것만을 채워 주었다. 고등학교 때는 도와 달라는 것만을 열심히 도와주려고 노력했다. 두 아이를 키울 때 우리 아이들에게 해준 것이라고는 이런 기억밖에 생각나질 않았다.

돌이켜보면 아이들의 유아기부터 초등학교 때까지가 아이들에게 정성을 가장 많이 쏟았던 시기였던 것 같다. 하루라도 빠지면 큰일 나는 줄 알고 매일 책을 읽어 주었다. 아이들이 공부하기 위한 기반을 쌓아 주는 일이라고 생각해서였다. 그런데 유아기부터 초등학생 때까지 아이들에게 무엇을 해 주었냐고 묻는 사람들에게 이런 이야기를 해 주면 "그게 다요?" 하고 되물어 왔다. 그 순간 '그럼 무엇을 더 말해 줘야 했을까?' 하고 고민이 없었던 것도 아니다. 정말 힘들어도 참고 꿋꿋하게 하루하루를 아이들하고 열심히 살았다는 것이 나의 솔직한 고백이다. 그럼에도 "그것밖에 안 했어요?"고 물으면 정말 난감해지고, 할 말을 잊었다.

나는 당장 눈앞에 보이는 것보다 멀리 내다보고 한 걸음 한 걸음 뚜벅뚜벅 걸어왔다. 아이들에게 자기만의 가치, 뚜렷한 동기, 목표의식을 심어주는 것이 중요하다고 생각했기 때문이다. 아이들에게 공부를 시키기보다 아이들 스스로 공부를 해야 하는 이유를 알게 하는 것이 중요하다고 생각했다. 그래서 나는 아이들의 책읽기에 정성을 쏟았다. 그 덕을 톡톡히 봤던 것도 사실이다.

모두가 수학 공부를 시켜야 한다고 걱정해 줄 때도 '책을 읽게 하는 편이 더 낫다'고 버텨낼 수 있었다. 그렇게 우리 아이들이 책을 읽으면서 쌓은 내공이 있었기에 중학교와 고등학교를 다니면서 찾아왔던 많은 위기들을 슬기롭게 극복할 수 있었다고 자부한다.

이 책은 아이들을 처음 키우면서 고민하는 엄마들이 나처럼 힘들이지 않고 키울 수 없나, 하는 마음으로 좌충우돌하면서 겪었던 모든 걸 솔직담백하게 담아 보았다.

1부에서는 나의 기준과 욕심을 버리기 위해 이를 악물며 참아내면서 깨닫게 된 소중한 경험들을 나누었다.

2부에서는 어른이 되어 사회에 나갈 아이들에게 필요한 것들이 무엇인지 고민하는 부모들에게 도움이 될 만한 사례들을 모아 소개했다.

3부에서는 각 시기별로 맞춰 어떤 교육을 했는지 적어 놓았다. 먼저 취학 전후 시기의 우리 아이들이 공부의 밑바탕을 쌓기 위해 책을 읽으면서 생각주머니를 어떻게 키워왔는지 이야기했다.

다음으로 초등학교 5학년부터 중학교 2학년까지 영어·수학 공부와 책읽기를 통한 국어 공부를 어떻게 시작해서 기초를 쌓을 수 있었는지 가감 없이 적었다. 최종적으로 중학교 3학년부터 고등학교 3학년 때까지는 특히 국어·영어·수학 공부에 중점을 두면서 수시와 정시 등 대학 입시 준비에 대하여 개괄적으로 설명했다.

마지막 4부에서는 아이들 교육을 잘하고 싶은 부모들에게 조금이나마 도움이 될 수 있지 않을까, 하는 마음에서 쓴소리도 함께 담아 보았다.

이 책을 쓰면서 고마움을 전하고 싶은 분들이 있다. 수년을 같이 했던 기도 모임 식구들이다. 그 긴 시간을 함께 격려해 주고 울어 주고 기뻐해 주셨던 분들이다. 특히 한정임 엘리사벳 작곡가 선생님께서 책을 써보면 좋겠다고 권유해주셨다. 평소 '한뮤직 컴퍼니'를 운영하면서 양육이나 교육에 대한 젊은 엄마들의 고민을 함께 나누면서 이런 책의 필요성을 느끼셨다고 한다. 또 책이 세상에 나오도록 함께 걱정해 주고 조언을 아끼지 않은 윤혜영 크리스티나 선생님, 칭찬과 격려를 하면서 기도를 해 주신 이인숙 아가다 선생님, 먼저 세 아들을 키운 경험을 나눠 주고 칭찬과 채찍으로 도움을 주고 기도해 준 친구 김민희에게도 너무 감사하다고 전해 주고 싶다.

또한 본 졸작을 처음부터 끝까지 읽어 주시고, 이 책은 꼭 세상에 나와야 한다고 용기와 격려를 아끼지 않으신 '정성 DID'의 송수용 작가님께도 감사드린다. 책 출판을 망설이고 있을 때 내가 할 일이 있다는 확신을 가질 수 있도록 용기를 북돋아 주셨다. 또 3P 바인더 자기경영 연구소에서 진행하는 '양재나비 독서모임'에서 만나게 된 강규형 대표님께서도 책에 필요한 조언을 아끼지 않으면서 여러모로 도움을 주셨다. 특히 여러 강의에서 나눔을 역설하시는 대표님 덕분에 사랑을 함께 실천하고 싶은 마음을 얻게 되어 깊은 감사의 마음을 전하고 싶다.

아울러 이 자리를 빌어서 우리 아이들이 제일 힘들었던 시간을 잘 견뎌낼 수 있도록 함께 해 주신 선생님들, 특히 큰아이의 고3 담임 박미화 선생님, 작은아이의 고2 담임 박근형 선생님, 고3 담임 이슬희 선생님께도 깊은 감사의 마음을 정성 담아 드리고 싶다. 또 작은아이가 마음이 아플 때 토닥토닥 해 주면서 이끌어 주셨던 김선아 국어 선생님께도 진심으로 감사드린다. 마지막으로 원고도 읽어 주면서 교정과 조언을 기꺼이 해 준 '영원한 내편' 배우자와 항상 나의 든든한 지원군, 두 아들에게도 고맙다고 말해 주고 싶다.

차례 contents

제2부 엄마의 선택과 집중

제3부 시기별 아이 교육 중점 포인트

제4부 스스로 자기 가능성을 찾은 아이들

— 제 1 부 —

위기의 아이들

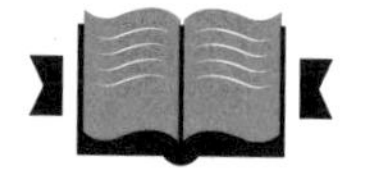

ADHD 의심을 받은 큰아이

아무것도 모르고 엄마가 되었다. 아무것도 몰랐기에 나는 '우리 집은 군대고, 엄마는 전권을 가진 대장'이라고 생각했다. 대장인 나의 지휘 아래서 우리 아이들은 일사불란하게 움직여야 했다. 마치 영화 〈사운드 오브 뮤직〉의 폰 트랩 대령네 아이들처럼 말이다. 대장인 나는 아이들을 예의바르게 키우겠다는 신념을 가지고서 철저히 교육시켰다. 책에서 배운 대로 올바른 삶을 살아야 한다고 가르쳤다.

어느 날 큰아이와 함께 엘리베이터를 탔는데 아주머니 한 분이 있었다. 큰아이와 내가 대화하는 것을 듣던 그녀가 내릴 때쯤 한마디 툭 던졌다.

“어머, 아이가 엄마한테 존댓말을 하네!”

묘하게도 칭찬 같지 않아 “왜요?” 하고 물었다.

“이상하잖아. 요즘 누가 엄마한테 존댓말을 깍듯이 해. 엄마 아닌 것 같잖아.”

그녀는 그렇게 말하고 가버렸다.

그녀의 그 말 때문이었을까? 그 말을 들은 뒤부터 큰 아이의 말투가 바로 달라졌다. 예를 들자면 ‘배고파요’가 ‘배고파’로, ‘밥 주세요’가 ‘밥 줘’로 바뀐 것이다. 그래도 나는 큰 아이가 존댓말을 쓰기를 고집했다. 혹시나 싶어 다른 아이들이 엄마에게 하는 말을 잘 들어봤다. 우리 아이처럼 존댓말을 꼬박꼬박 쓰는 아이는 거의 없었다. 그렇더라도 부모에게 반말하는 것을 허용할 수는 없었다. 나는 해왔던 대로 아이들이 잘못을 하면 바로 깨우쳐주고 반성하게 했다. 되는 것과 안 되는 것을 확실하게 가르쳐야 한다고 생각해서였다.

내가 그렇게 우리 아이들을 키우던 때였다. 초등학교 2학년 1학기 말 큰아이가 학교생활에 익숙해졌겠지 하던 시절이기도 했다. 담임 선생님이 전화를 주었다. 내가 인사도 마치기 전에 선생님이 고함치듯 말했다.

“그 집 아이 ADHD주의력 결핍 장애 아니에요? 병원에 한번 가봐야 하는 것 아닌가요? 왜 수업 중에 교실을 돌아다녀요?”

믿을 수 없었던 내가 용기를 내어 말을 꺼냈다.

"선생님, 우리 아이는 책을 읽을 때 그림처럼 앉아 있는데…"

하지만 선생님의 말은 뜻밖이었다.

"그것도 안 하니까 전화를 드렸죠."

ADHD는 그 당시 신문에 매번 오르내리는 기삿거리이기도 했기에, 나는 어쩐지 죄인이 된 것만 같았다. 사실 큰아이는 생일이 늦는데도 7살에 조기입학을 했다. 이해력이 좋고 상황 판단이 빨라 초등학교에서 생활을 하는 데는 아무 문제가 없을 것이라고 생각해서였다. 그런데 학교에 입학한 후에야 비로소 행동 발달 과정은 딱 나이만큼이라는 사실을 알게 되었다. 결국 조기교육에 대한 내 욕심 때문에 이렇듯 사달이 난 것 같았다.

담임 선생님과의 통화를 끝내고 방구석에 박혀서 혼자 울고 있는데 회사에서 돌아온 남편이 "무슨 일이냐"고 물었다. 자초지종을 말하자 남편은 한마디 툭 내뱉었다.

"그 나이에 장난도 치고 돌아다니는 게 정상이지. 그랬다고 병원 가라는 게 정상이야?"

그 말에 위로를 받은 나는 자리를 털고 일어났고 그때부터 어떻게 해야 할지 고민하기 시작했다. 1학년 때도 가만히 있던 큰아이가 왜 교실을 갑자기 돌아다녔는지 궁금하기도 했다. 곰곰이 생각해보니 큰아이는 호기심이 많고 에너지도 넘쳐서 지루한 것을 참지 못한다는 사실이 떠올랐다. 뭔가 새롭고 재미있는 것을 항상 생각해내지 않았던가. 작은아이도 그런 형이 재미있다며 너무 좋아했다. 나도 이런 점을 큰아이의 장점이라고 치켜 세운 적도 있었다.

문득 큰아이보다 담임 선생님이 '문제'가 있는 건 아닐까 싶어 큰아이의 같은 반 친구 엄마에게 담임 선생님에 대해 물었다. 딸만 둘인 담임 선생님은 초등학교 2학년인 아이들에게 집중력 훈련을 시킨다는 명목으로 쉬는 시간에도 자리에 가만히 앉아있게 했다는 것이다. 화장실에 꼭 가야 하는 아이들에게만 조용히 다녀오라고 했다고 한다.

"애들이 너무나 힘들어하는 것도 당연하지 않겠어요."

그 엄마도 아이들에게 담임 선생님이 너무 했다고 말할 정도였다. 물론 그 '무서운' 선생님이 지키고 있는데도 쉬는 시간이라고 돌아다닌 큰아이가 더 대단했지만 말이다.

"앞으로 아이들을 우리나라에서 교육시킬 일이 참 암담하구먼."

남편도 내 생각에 공감해주었다.

남편과 내가 우려했던 일이 실제로 벌어졌다. 큰아이는 커가면서 개성이 강해졌고, 그럴수록 학교 선생님들은 엄마인 내게 전화해서 화를 냈다. 선생님들에게 시달리던 나는 큰아이를 볶아댔다. 매일 집이 시끄러웠다. 남편이 조용히 살자고 애원할 정도였다.

그러던 어느 날 신기한 일이 벌어졌다. 큰아이를 위한 기도를 할 때마다 항상 나에 대한 반성으로 끝이 나는게 아닌가. 그러니까 이런 식이었다.

'큰아이는 나의 분신이 아닙니다. 큰아이는 자기 자신이고 싶어 합니다. 큰아이가 잘 자라려면 독립된 개체로 우뚝 서야 한다는 것을 나는 압니다. 그런데 지금 내가 무슨 짓을 하고 있습니까? 큰아이를 혼내는 게 큰아이를 위해서입니까? 아니면 나 자신을 위해서입니까? 사랑한다고 하면서 큰아이가 원하는 것을 모른 척 합니다. 그저 행여나 사람들이 나한테 손가락질 할까봐 전전긍긍하고 있습니다. 큰아이는 하느님께서 맡겨주신 선물입니다. 그런데 나는 그걸 모른 체 하고 있습니다. 큰아이를 그저 내 것이라고 생각하고 있습니다.'

이런 사실을 깨닫기까지 그토록 오래 걸렸던 것이다.

의사인 남동생이 남편에게서 들었는지 내가 속상해하는 걸 알고서 만나자고 했다.

"큰아이가 활동량이 많고 산만해 보이긴 해. 하지만 공부를 하는 걸 보면 ADHD는 아냐."

이런 진단을 내려준 남동생은 말을 계속 이어 나갔다.

"우리 어렸을 때는 하는 것이 없어서 밖에서 많이 뛰어 놀았지만, 요즘 애들은 다르잖아. 나가 놀지 못하니까 교실에서 돌아다니는 거 아니겠어."

생각해보니 남동생 말이 맞는 것 같았다. 우리도 어렸을 적에 낮에는 늘 놀이터에서 놀고, 저녁에도 집 밖에서 숨바꼭질을 하면서 동네를 뛰어다니지 않았던가. 남동생 덕에 마음의 안정을 되찾기는 했지만, 불안한 마음이 여전히 남아있어 속이 타는 건 마찬가지였다.

그러던 차에 미장원에 갔다가 우연히 본 잡지에서 소아정신과 전문의인 김창기 박사의 글을 읽게 되었다. 그도 자기 아들이 ADHD를 앓는다고 하면서 자신의 어린 시절 이야기를 꺼냈다.

"아들을 키우면서 여느 부모와 다를 바 없이 숱한 시행착오를 겪었습니다"라는 말에 너무나 공감했기에 빨려들듯이 그의 글을 읽어 나갔다.

"저도 어렸을 때 항상 어수선하고 산만하고 학교에서 늘 야단맞는 아이였어요. 왜 야단을 맞는지 몰랐으니 언제나 억울했죠. 나중에 소아정신과 공부를 하면서 보니까 제가 주의력 결핍 과잉 행동을 앓았던 거예요."

이 말이 눈에 확 들어왔다. 어렸을 적에는 동네를 누비던 개구쟁이였던 그도 철이 들고 차분히 공부에 집중하게 된 것은 고등학교 2학년 때부터였다고 한다. 이 말은 나에게 위로였고 희망이었다.

이때부터 나는 우리가 어릴 때처럼 아이들이 신나게 뛰놀 수 있도록 해주었다. 아이들을 데리고 한 달에 1~2번씩 놀이공원을 다녀오곤 했다. 놀이공원 입구에 들어서면 아이들은 빛의 속도로 달렸다. 아이들은 이리저리 뛰어다니며 지칠 때까지 신나게 놀았다.

우리 아이들은 평상시에도 집 근처 운동장이나 놀이터에서 미친 듯이 뛰어놀았다. 때로는 한강 고수부지에서 인라인스케이트나 자전거를 타고 지쳐 나가떨어질 때까지 놀았다. 땀이 날 정도로 뛰고 나면 아이들은 한동안이나마 집중도 잘했다. 어쨌든 이런 문제로 담임 선생님으로부터 더 이상 전화를 받지 않았다.

그때서야 우리 아이들에게는 '타고난 기질'이 있다는 것을 깨달았다. 아이들을 기질대로 키우는 것이 바람직하다는 생각도 들었다. 이 '작은' 사실을 깨달았을 뿐인데 내 어깨를 짓누르고 있던 '무거운' 힘이 쭉 빠지면서 마음이 한결 가벼워졌다.

이후부터 큰아이에게 "남들에게 피해를 주지 말고 놀자, 선생님 힘드시니 괴롭히지 말자"는 정도의 잔소리만 했다. 그랬더니 큰아이도 조금씩 나아져 갔다.

그러고 보면 큰아이가 초등학교 2학년이었을 때 담임 선생님의 말은 나에게 던져진 '경고'였다. 말하자면 '내 맘대로 아이들 키우는 것을 그만두라'는 '경고'였던 것이다. 그 '경고' 덕분에 무슨 문제가 있는지도 확실히 파악할 수 있게 되었다. 이로써 우리 아이들이 무엇을 원하는지, 얘들에게 어떤 기질이 있는지 알게 되었다.

우리 아이들의 기질을 파악하고 나니 내가 그동안 얼마나 어리석었는지 깨달을 수 있었다. 또 키우는 내내 아이들의 기질을 바꾸려고 하지 않고 인정해주게 되었다. 아이들을 키우는데 필요한 큰 '줄기'는 이렇게 만들어졌다.

Tips

1. 다른 사람들의 지적에 마음도 열고 귀도 열자.

2. 아이 입장에서 생각하면서 아이의 기질을 있는 그대로 인정해주자.

3. 객관적인 기준을 세우고서 꾸중하자.

4. 부모는 상황에 맞춰 변해야 한다.

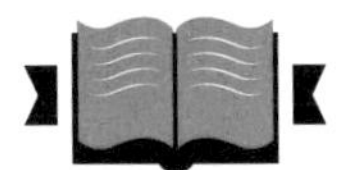

수학성적을 1등급으로 올려준 기질 관리

아이들에게는 자기 얼굴만큼이나 제각기 타고난 기질이 있었다. 우리 아이들만 하더라도 같은 부모 밑에서 자라고 같은 밥을 먹고 같은 교육을 받았는데도 너무 달랐다. 이런 걸 깨닫지 못했을 때 나는 아이들의 잘못된 습관과 성격을 바로잡아주겠다는 생각만 했다. '절벽에 부딪치는 기분'이 들은 것도 한두 번이 아니었다.

너무 답답해서 "몇 번이나 말해줬는데 아직도 몰라?" 혹은 "왜 이것도 모르냐고?" 하면서 우리 아이들의 마음에 상처를 준 경우도 무수히 많았다. 그 일로 아이들이 울 때마다 미안해서 나도 울었다. "아프냐? 나도 아프다"라는 옛날 사극 명대사처럼 말이다. 심지어 남편을 붙잡고 이렇게 푸념하기도 했다.

"왜 우리 아이들만 이렇게 힘들게 할까? 우리 두 아이들을 섞어서 반으로 나누면 완벽한 인간이 될까?"

이에 대한 남편의 반응이 재미있었다.

"그럼 세상 사람들이 모두 똑같아지잖아. 그럼 재미없어서 못 살겠지."

남편 말을 듣고서야 내가 너무 황당한 생각을 했다는 걸 알았다.

이 시절에는 큰아이에 대한 안타까움이 컸다. 사실 큰아이는 책을 읽으면 핵심을 파악하는 데 탁월했다. '똑똑하다'든가 '머리가 좋다'라는 칭찬을 많은 사람들에게서 받을 정도였다. 하지만 큰아이는 눈앞에 있는 물건조차 챙기지 못했다. 시간 개념도 없어서 학원 수업에 하루가 멀다 하고 늦었다. 숙제를 잘해야 할 필요성을 느끼지 못했던 것인지 모든 숙제를 빨리빨리 대강 해치워버리곤 했다. '계획'이라는 단어 자체가 큰아이의 사전에는 없다 보니, 당연히 여기저기서 '구멍'이 송송 보였다. 이대로 두고 볼 수 없어 학원을 그만두라고 하면 내 다리를 붙들고 학원에 계속 다니게 해달라며 떼를 썼다.

큰아이의 머릿속이 '엉클어졌을지도' 모른다는 생각에 미칠 듯이 괴로웠다. '아이가 제대로 성장할 수 있을까?' 하는 걱정에 잠을 이루지 못한 날도 있었다. 큰아이의 잘못된 점을 고쳐보겠다면서 매일매일 이를 악물고 미친 듯이 애를 썼다. 하지만 나의 노력은 허사였고, 큰아이가 내 눈치를 점점 더 보는 것 같아 괴로웠다. 노력할

수록 그만큼 더 지쳐가는 느낌이었다.

어느 날 나는 너무 화가 났다. 말 그대로 폭발 직전이었다. 그런데 혼나는 걸 기다리는 큰아이의 눈빛을 본 순간 큰아이에게 화를 낼 수 없었다. 문득 '여기서 더 하면 큰아이를 잃어버릴지도 모른다!'는 생각이 들었던 것이다. 그 순간 큰아이에게 "사랑해"라고 말했다. 큰아이는 믿을 수 없다는 표정을 짓고서 나를 쳐다봤다. 나는 그런 큰아이의 표정에 놀랐다. 내가 아무리 해도 큰아이는 달라지지 않을 것 같다는 생각마저 들었다. 그때 나는 '내가 바꾸려고 했던 것도 큰아이의 일부분이라면 받아들이자'라고 마음 먹었다.

이후부터 큰아이를 혼내야 할 때는 "아들, 사랑해!"라고 말했다. 처음에는 놀라워하던 큰아이도 내 말에 "네!" 하고 대답하며 행복해했다. 더욱 놀라운 점은 그저 "사랑해"라고 말했을 뿐인데 욕심 때문에 가려져있던 큰아이에 대한 사랑이 느껴지기 시작했다는 것이다. 나 자신이 큰아이를 잘 키워야 한다는 집착에서 벗어날 수 있었다. 큰아이를 있는 그대로 받아들일 수 있게 되었다.

'큰아이를 가르치면서 결과가 급히 나오는 걸 기대하지 말자'고 다짐한 것도 이때부터였던 것 같다. 물론 나의 결심을 지키기 위해 참고 버티느라 혈관이 다 터지는 줄 알았다. 엄청난 인내심과 기다림이 필요했던 것이다. 그 덕분에 큰아이의 이러한 점이 성격이나 습관이 아니라 선천적으로 타고난 기질임을 깨달을 수 있었다. 큰아이의 타고난 기질을 억지로 바꿔보려고 했기 때문에 나도, 큰아이도 힘들었다는 사실을 알게 되었다.

큰아이는 공부도 기질대로 했다. 잘하는 과목도 있었지만, 잘 못하는 과목도 많았다. 특히 수학 때문에 힘들어했고, 중학생 때가 더더욱 그러했다. 실력 있는 학원 선생님한테서 잘한다는 평을 듣는데도 정작 수학 성적은 좋지 않았다. 왜 이런 결과가 나오는지 학원 선생님에게 물은 적이 있었는데 황당한 대답이 돌아왔다.

"아이가 한번 망쳐봐야 정신 차려서 잘할 겁니다."

도대체 이 선생님은 큰아이가 시험을 망칠 때까지 기다리겠다는 말이던가? 당장 큰아이에게 "학원을 그만 다니라"고 했다.

막상 그 학원을 그만두고 나니 큰아이가 갈 만한 다른 학원이 없었다. 수학성적이 좋지 않으니 팀으로 공부할 친구도 없었다. 하지만 '뜻이 있으면 길이 있다'고 하지 않던가.

강의 방식이 큰아이에게 딱 맞는 동네 작은 학원을 찾을 수 있었다. 먼저 설명해주지 않고 혼자 공부해서 질문하게 하는 식으로 가르쳤다. 한마디로 칠판이 없는 학원이었다. 그 학원 선생님은 큰아이의 수학 실력을 테스트한 후 이렇게 평가를 내렸다.

"수학에 대한 감은 있습니다. 그런데 직관을 많이 쓰니까 수학을 하는데 어려움이 많은 것 같습니다. 이런 아이를 다루기가 제일 어렵습니다. 자기 머리를 쓰지 않고 눈으로 수학 문제를 풀거든요."

큰아이는 선생님이 푸는 것을 보면서 빨리 이해하기 때문에 자신도 그렇게 풀 수 있다고 생각하고서 넘어간다는 것이었다. 스스로 정리해보고 풀어보지도 않았는데도 말이다. 그 선생님은 '큰 산은 봐도 나무를 보지 못하는' 큰아이의 단점을 정확하게 끄집어냈던 것이다. 나는 그 선생님이 큰아이를 잘 다룰 수 있을 것이라고 믿었다. 큰아이에게 경고하듯 말했다.

"선생님이 가르쳐주신 대로 잘해봐. 선생님한테 배우러 왔으니 말씀 잘 듣고 따라해야 해. 그 선생님이 죽으라고 하면 죽는 시늉이라도 해. 선생님께서 말씀한 점만 고치면 너는 다른 것도 다 잘할 수 있을 거야. 여기 말고는 수학학원 없다."

그 선생님에게도 큰아이를 맡기면서 이렇게 머리를 조아렸다.

"힘들게 해서 죄송합니다. 선생님이 말씀하신 것이 곧바로 개선될 거라고 생각하지는 않아요. 저는 선생님을 믿고 기다리겠습니다."

다행히 큰아이의 수학 성적이 조금씩 나아졌다. '수학의 벽을 넘으면 다른 공부도 잘할 수 있겠구나' 하는 희망도 생겼다. 갑자기 내가 참고 인내하며 기다려온 시간에 대한 보상을 받은 기분이 들었다.

그러던 어느 날 큰아이가 나에게 이런 말을 불쑥 꺼냈다.

"엄마, 나도 큰 학원에 가야 하지 않을까요?"

친구들이 공부하는 대치동의 큰 학원에서 자기도 '폼 나게' 공부를 하고 싶었던 것이다.

"이 수학학원 다니기 싫으면 수학을 혼자서 공부해라."

효과 없는 학원에 다니느니 차라리 자거나 노는 것이 낫다고 생각해서 해주었던 말이다. 큰아이의 기질상 빨리 배우는 것은 효과가 없다는 생각을 굳혔기 때문이기도 했다.

6개월쯤 지났을까. 큰아이도 내 생각을 받아들였는지 이렇게 말하기까지 했다.

"욕심만큼 진도가 안 나가서 속상하지만, 수학은 혼자 푸는 것이 맞아요."

대학에 입학한 뒤에야 큰아이는 수학학원에 대해 이야기를 털어놓았다.

"그 수학학원에서는 가르쳐주지도 않으면서 풀라고만 했어요. 진도는 늦어 답답하긴 했지만, 수학은 혼자 하는 것이 맞는 것 같아서 계속 다녔어요. 수학을 하면서 혼자 공부하는 습관이 생겼어요. 또한 고등학교에서 다른 과목의 내신 준비 공부를 할 수 있는 힘도 생겼어요."

이 말을 들었을 때 나와 큰아이가 그 시간 동안 잘 버텼구나 싶었다. 그때 나도 답답하고 걱정을 많이 했던 것도 사실이다.

많은 엄마들이 큰아이가 다니던 수학학원을 알려달라고 했다. 나는 기꺼이 알려주었다. 하지만 그 학원에서는 딱히 가르쳐주는 게 없어 그 엄마들이 자기 아이를 그 학원에 보내기 어려울 것이라고 예상했다. 게다가 배우는 것도 없는 것 같은데 아이들이 그 학원에 오래 있는 걸 그 엄마들이 참지 못할 것이라고 생각했기 때문이다. 이런 이유들로 나 역시 작은아이는 그 학원에 보내지 않았다.

작은아이는 진도를 많이 그리고 빨리 나갔으면 해서 경시 문제를 다루는 학원으로 보냈다. 작은아이는 큰아이하고 달라서 수학을 잘할 수 있다고 생각했기 때문이다. 그런데 작은아이는 아이들 말로

‘망하고’ 돌아왔다. 큰아이보다 조금 나을 것이라는 ‘얄팍한’ 생각이 내 눈을 멀게 했던 것이다. 작은아이는 큰아이와는 완전히 반대로 ‘숲을 못 보고 나무만’ 봤다. 전체 줄거리를 보지 않고 자기 마음에 와 닿는 부분에만 몰두했던 것이다.

작은아이는 내성적이며 겁이 많고 소심했다. 반면에 꼼꼼하고 성실해서 시간이 걸려도 적응하기만 하면 아주 잘해냈다. 문제를 풀 때는 스스로 개념을 완벽하게 이해하고 정리하고서야 풀기에 선생님들이 말하는 ‘수학을 하기에 좋은 성격’이었다. 작은아이에게는 충분한 시간이 필요했는데, 나는 무작정 수학 ‘경시반’에 넣어서 진도를 ‘후루룩’ 뽑게 했던 것이다. 어쩌면 망치는 것은 당연했는지도 모르겠다.

이런 사실을 알면서도 나는 모른 척했다. 작은아이가 어떻게든 따라가야 한다고 생각했고, 조금만 욕심을 내면 할 수 있다고 판단했기 때문이다. 게다가 못하겠다고 울먹이는 작은아이를 “해보지도 않고 못한다는 거니!”라며 혼만 냈다. 작은아이가 자기를 몰라주는 나를 얼마나 원망했을까 싶다.

더욱이 ‘경시반’의 학습 시스템 자체가 작은아이의 기질과는 맞지 않았다. 큰아이 같았으면 알든 모르든 신나게 쫓아갔을 것이고, 선생님이 가르친 것 중 반 이상을 건져왔을 것이다. 반대로 작은아이는 다 이해하지 못하면 ‘작동이 안 되는’ 아이였다. 무지한 나의 욕심이 작은아이를 엉뚱한 쪽으로 이끌었던 것이다.

설상가상으로 그 때가 작은아이는 사춘기를 코앞에 둔 중학교 1

학년이었다. 그래서였을까? 이후 작은아이와 나 사이는 굉장히 소원해졌다. 이후 작은아이는 나를 원망하는 마음이 생겨서인지 공부는 자신이 알아서 하겠고, 수학학원 또한 스스로 알아본다고 일방적으로 통보해 왔다.

죄인의 심정으로 나는 작은아이에게 학원 선택권을 넘길 수밖에 없었다. 다행히 작은아이가 선택한 수학학원은 형이 다니는 수학학원과 학습 시스템이 비슷했다. 좀 답답하고 안타까워도 작은아이를 믿고 기다려주는 수밖에 없었다. 큰아이 때 경험을 살려 작은아이의 기질을 바로 알아차릴 수 있었음에도 내 욕심 때문에 보지 못한 점을 반성하면서 말이다. 이런 욕심 때문에 어리석은 엄마가 되고서야 비로소 나는 눈을 크게 뜰 수 있었다. 아이들은 다른 얼굴만큼이나 다른 기질을 가졌고, 저마다 자기 인생을 사는 거라는 확신이 들기 시작했던 것이다.

타고난 기질은 성인이 되어서까지 계속된다고 알고 있었지만, 하버드 대학의 제롬 캐건 교수는 오랫동안 추적한 끝에 기질에 대한 '색다른' 연구 결과를 내놓았다.

"기질은 환경이나 양육자의 사랑 어린 보살핌으로 천천히 달라질 수도 있다. 내 연구 대상 중 약 40퍼센트 정도는 기질의 부정적인 면을 극복하여 긍정적인 사람이 된 것이다. 그러나 아이의 기질을 단기간에 바꾸거나 고치려고 해서는 안 된다. 아이의 타고난 기질을 인정해주면서 긍정적인 쪽으로 이끌어주면 조화로운 성격을 갖춘 사람이 될 수 있다. 반면에 자신의 기질이 주변 어른들에 의해 거부당한 아이는 부정적인 감정에 사로잡힌 채 성장할 수 있다."

아이들의 기질을 인정하면서 더 많이 사랑해주면 아이들은 달라질 수 있다는 의미일 것이다. 이 연구 결과를 보면서 나는 엄마의 인내와 기다림이 얼마나 소중한지를 다시금 깨우칠 수 있었다.

실제로 우리 아이들의 기질을 인정해주는 것은 아이들의 학습에도 큰 도움이 되었다. 큰아이는 수학공부를 하면서 꼼꼼하게 계획을 세우는 식으로 자신의 기질을 극복했다. 작은아이도 곧잘 대충 넘어갈 줄도 알고 행간을 읽을 줄도 알게 되었다.

문제를 풀면서 개념을 정리하는 아이들이 있는가 하면, 개념을 정리한 뒤에야 문제를 풀 수 있는 아이들도 있다. 어느 쪽이 옳다거나 좋다고 말할 수는 없다. 그 아이들의 기질을 인정해주는 게 최선일 성싶다. 아이들은 필요하다면 스스로 노력하여 자신의 기질을 바꿀 수도 있다. 엄마는 그저 그들을 인정해주고 사랑으로 감싸면서 기다려주면 된다.

Tips

1. 아이의 기질을 관찰해보자.
2. 아이의 기질을 인정하고 받아들이자.
3. 아이의 기질을 바꾸려 하지 말고 긍정적인 방향으로 이끌어주자.
4. 엄마의 사랑과 인내심 있는 기다림이 아이를 달라지게 한다.

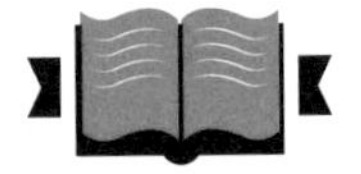

비교하면 무너지고
존중하면 탁월해지는 아이의 개성

'개성'의 사전적 의미는 '다른 사람과 구별되는 고유한 특성'이다. 아이들은 저마다 개성을 지닌 채 성장하면서 세상에 적응해간다. 이 과정에서 '자아'를 찾아 이를 강화해야 성인이 되어 '자아를 실현하기' 위한 인생의 긴 여정을 꿋꿋하게 걸어 갈 수 있다.

사회에 적응하고 생존하려면 개성을 갖고 자아를 실현하려는 의지가 무엇보다 필요하다. 눈에 보이는 효과만 쫓다보면 이 중요한 과정을 쉽게 놓치고 만다. 그러지 않도록 엄마들은 아이들을 있는 그대로 봐주고 맞춰주면서 교육해야만 아이들은 자신의 개성을 스스로 찾아낼 것이다.

그런데 자기 아이들이 개성이 있고 자기주도적이기를 원하는 엄마들이 오히려 아이들에게 자아를 찾을 기회를 주지 않는 것 같다. 이런 엄마들은 아이들을 대신해서 뭐든 다해주고 싶어 한다. 심지어 교과 과정에 맞춰 공부하는 것 말고는 아무것도 못하게 한다. 자신의 아이들을 엄마가 정한 틀에 가두고 벗어날 수 없게 만들고 있는 것이다.

각각 다른 사람들이 같은 교복을 입고 획일화된 주입식 교육을 받은 아이들에게서는 그들만의 개성을 기대하기 어렵다. 그래서인지 우리나라에서는 미국·프랑스·독일 등에서와 달리 개성 있는 인재를 찾아 보기 어려운 것 같다. 하지만 가정에서라도 아이들의 개성을 인정해준다면 우리나라 아이들도 발명왕 에디슨이나 스티브 잡스 같은 사람이 나오지 말라는 법이 없다. 이처럼 엄마들의 생각이 열려야 아이들의 생각도 열릴 수 있다.

내가 아는 한 남자아이가 있었다. 그 아이는 공부를 잘해서 중고생 시절에도 엘리트 코스를 밟았고, 지금은 명문 대학에 다니고 있다. 그 아이가 중학생이었을 때 시간표나 수업 과정, 시험일정 등을 물어보면 대답이 "몰라요. 엄마한테 물어보세요"였다. "무엇을 좋아하니?" 하고 물어도 대답은 "몰라요"였다. 또 "무엇이 되고 싶니?" 하고 물어도 대답은 "몰라요, 엄마한테 물어보세요"였다.

그 아이가 고등학교 3학년이던 무렵에 그의 엄마를 다시 만날 수 있어서 아이가 조금 달라졌느냐고 물었다. 여전히 달라진 게 없다고 했다. 심지어 그 아이는 입시원서를 쓸 때도 어느 대학에 지원할 거냐는 담임 선생님의 물음에 "몰라요, 엄마한테 물어보세요"라고 대답했다가 선생님이 버럭 화를 내며 그 엄마를 호출한 적도 있었다고 한다.

"도대체 얘가 아는 것이 뭔가요?"

이런 그 아이도 이제는 어엿한 대학생이 되었다. 하지만 스스로 자신의 개성을 찾아내서 자아를 실현해 가기가 쉽지는 않으리라 짐작된다.

언젠가 캐나다의 토론토에 이민 가서 사는 친구가 이런 아이들에 대해 해 주었던 이야기가 있다. 우리나라의 유명 특목고특수 목적 고등학교를 졸업한 아이들이 캐나다의 명문대인 토론토 대학에 입학하는 경우가 있었다고 한다. 그중 절대 다수가 1~2년이 지나면 졸업을 포기하고서 조용히 사라졌다는 것이다. 이런 아이들은 입학 때 성적이 우수했지만, 막상 공부를 시작하면 닥치는 어려움을 스스로 극복해내지 못했던 것은 아닐까.

부모가 선택하고 결정하는 우리나라 교육 현실에서 아이들은 아무것도 할 수 없다. 이렇게 자란 아이들이 성인이 된 뒤 누가 길을 제시해주는 것도 아니고 답을 알려주지도 않는 토론토 대학 같은 환경에 놓이면 막막해지는 것은 당연했는지도 모른다. 만약 이런 아이들이 일찌감치 혼자서 실패도 경험하고 극복해봤더라면 중도하차하는 일은 없었을 것이다.

큰아이와 작은아이가 다른 점은 비단 기질만이 아니라는 사실을 알게 해준 계기가 있었다.

작은아이가 초등학교 2학년 무렵 체스대회에 처음 나갔을 때였다.

“대상 못 받으면 어쩌지?”

작은아이가 주말 아침 식탁에서 걱정하며 던진 말이었다. 그런데 큰아이의 대답이 걸작이었다.

“그럼 금상 받으면 돼.”

“금상도 못 받으면?”

작은아이의 이 질문에 큰아이는 그게 뭐가 대수냐는 듯이 대답했다.

“그럼 은상 받아.”

작은아이는 “은상도 못 받으면?”이라고 물었고, 큰아이는 “그럼 동상 받으면 되잖아”라고 되받았다. 끝내 작은아이가 “동상도 못 받으면 어떻게 해?” 하고 징징거리자 큰아이는 “내년에 또 나가면 돼”라면서 이야기를 마쳤다.

이 대화는 결코 잊어버릴 수가 없었다. 우리 아이들이 확연히 다르다는 것이 그대로 드러난 대화였기 때문이다. 특히 큰아이에 대해 정확히 알 수 있게 되었다. 큰아이도 체스대회에 여러 번 나갔지만 상을 받아본 적은 없었다. 친구가 상을 받을 때에는 부러워하기도 했다. 하지만 그 때뿐이었다. 상을 못 받아도 굴하지 않고 대회에 나가는 큰아이가 기특하기도 했고, 안쓰러워서 말리고 싶기도 했다. 하지만 말리지 않았다. 큰아이를 직접 도와주고 싶었던 적도 있지만 지켜보기로 했다. 큰아이가 스스로 준비하는 모습을 보고 싶어서였다. 그런데 이 대화를 듣고 보니 큰아이는 대회에 나가

상을 받겠다는 절실함이 없어 보였다. 이때부터 큰아이가 노력 없이 '감 떨어지기만을 기다리는 사람'이 되지 않을까 걱정스럽기도 했다. 너무 답답해서 "대회를 준비하고 나가면 훨씬 좋은 성적이 나올 거야"라고 말해주기까지 했다. 하지만 큰아이는 달라지지 않았다. 나는 큰아이가 사는 방식을 받아들이고 계속 지켜 볼 수밖에 없었다.

큰아이는 이것저것 다해 보고 싶어 했다. 그런데 뭔가를 준비해서 하겠다는 건 아니었다. 결과가 어떨지를 생각하지 않고, 우선 해 보는 성격이었다. 그저 하고 싶으면 하는 식이었다. 이런 큰아이의 모습이 몹시 마음에 들지 않았지만, 결국 '나와는 다른 사람'으로 인정하기로 마음을 먹었다. 어쩌면 새로운 것을 두려워하지 않고 시도하는 큰아이가 나보다 낫다는 생각마저 들었다.

'실패를 두려워하지 않으니까 뭔가를 하는 거야.'

어쩔 수 없이 큰아이의 개성이자 장점으로 받아들이기로 했다.

여기까지도 많은 시간이 걸렸다. 오히려 남에게 피해를 주지 않으면 뭐든 해도 좋다며 용기를 불어넣어 주기까지 했다.

"엄마의 도움이 필요하면 말해. 엄마는 너를 믿고 지원할 거야."

설사 결과가 좋지 않더라도 경험하면서 배우는 게 많으리라고 생각해서였다. 아울러 큰아이를 키우면서 나도 배우고 성장한다는 느낌을 받아서이기도 했다.

어느날 두려움을 모르는 큰아이가 국제중학교에 가고 싶다고 했다. 이미 큰아이에게 적응한 나는 얼른 "그러자"고 했다. 그때까지 큰아이는 수학·영어 등 학교 공부를 하느라 바빠서 변변한 인증서 한 장 따지 못했다. 하지만 책 읽기와 운동, 피아노 연주는 쭉 하고 있었다.

나는 국제중학교 입시전형이 1차는 서류전형이고 2차는 면접이라는 것까지만 알고 있었을 뿐, 아무런 정보도 없었다. 부랴부랴 알아보니 면접 준비 학원이 있다고 해서 찾아갔다. 학원 원장이 큰아이 관련 서류를 보더니 실망하는 투로 한마디 했다.

"어머님, 지금까지 뭐하셨어요? 아이의 자소서(자기소개서)를 쓸 거리가 아무것도 없네요."

그러나 나는 민망하지 않았다. 어차피 큰아이가 해보고 싶다고 해서 도와주려고 했을 뿐이니까. 한번 지원해봄으로써 자신을 알게 하는 것도 좋은 학습이 아니겠는가. 그런데 큰아이 친구의 엄마가 나에게 시비라도 걸려는 투로 말했다.

"아이가 원하면 뭐든지 해주시나요?"

그 엄마가 보기에는 턱없이 부족한 아이를 국제중학교에 넣겠다는 걸로 보였던 것 같다. 하지만 내 생각은 달랐다. 나는 그렇게 하기를 원하는 큰아이에게 기회를 주고 싶었을 뿐이다. 아이들이 해보고 싶다고 하면 나쁜 일이 아닌 한 뭐든지 해 보게 하는 것이 좋다고 생각하기로 했으니까.

이후, 큰아이는 면접을 준비하면서 자신이 너무 부족하다는 사실을 깨달았는지 면접 준비 학원의 수업에 두 번 다녀온 후 이렇게 말했다.

"엄마, 국제중학교는 나처럼 해서는 갈 수 있는 곳이 아닌 것 같아요. 다른 아이들은 많이 준비했던데요. 저는 못 갈 것 같아요."

큰아이의 말에 어떻게 반응해야 할지 몰라 고민했다. 큰아이를 이해하기 전이었다면 내 생각을 밀어붙였을지도 모른다. '네가 시작을 했으니 책임을 끝까지 져야지' 라면서 말이다. 하지만 큰아이를 있는 그대로 받아들이기로 하고 대답해 주었다.

"원하는 대로 해."

딴말은 일체 하지 않았다. 어차피 큰아이는 내가 생각했던 것보다 빨리 자신을 파악했다고 여겼다. 이것만으로도 큰아이에게나 나에게도 큰 공부가 되었다고 생각한다.

"국제중학교에 가려면 무엇을 해야 하나요?"

캐나다 유학 중에 큰아이가 국제중학교에 가고 싶다는 이야기를 또 꺼냈다.

"학교 성적, 영어 인증, 수학경시와 한문 인증 등."

큰아이가 준비할 수 있는 수준에서 말해 주었다. 큰 기대 없이 말했는데 큰아이는 학교 성적이나 미국 수학경시 등을 혼자서 열심히 챙기면서 준비했다. 마침내 시험에 합격하여 국제중학교에 들어갈 수 있었다. 큰아이가 하고 싶은 것을 막지 않았을 뿐인데, 뜻밖에도 해낸 것이다. 큰아이는 하고 싶은 것이 있으면 부딪혀 보고, 안 되면 또 부딪혀서 될 때까지 했다. 때론 막무가내로 덤비는 큰아이를 볼 때마다 숨이 막히기도 했지만, 자기 색깔로 살아가는 큰아이를 보면서 행복할 때가 더 많았다.

반면에 작은아이는 큰아이와는 달리 자기 길을 조심스럽게 걸어갔다. 오랫동안 기다렸던 체스대회가 있던 날 아침이었다. 하필 작은아이는 열이 나고 많이 아팠다. 아침도 먹는 둥 마는 둥 하더니 겨우 타이레놀만 먹고 대회장으로 갔다.

"힘들면 그냥 나와."

대회장으로 들어가는 작은아이에게 말했다.

대회는 하루 종일 치러졌고, 작은아이가 안쓰러워 데리고 나오고 싶은 마음이 간절했다. 작은아이가 완강하게 싫다는 바람에 두고 나오면서 발을 돌리기를 몇 번이나 했을 정도로 초조했다. 작은아이가 대회장 밖으로 언제 나올지 모르니 어디도 가지 못하고 올림픽공원 입구에서 서성이기만 했다. 7라운드 중 2라운드가 끝나자 작은아이가 울면서 뛰쳐나왔다. 아파서 그런 줄 알았더니, 두 경기 모두 졌다며 계속 울었다.

집에 데려가려고 했지만, 작은아이는 끝날 때까지 대회장을 떠나지 않을 것이라며 고집을 부렸다.

"그래. 앞으로 남은 경기를 모두 이기면 너는 우승하는 거야. 어서 가서 점심 먹고 기운 내. 밥을 안 먹어서 기운이 없나 봐. 약도 잘 챙겨먹고."

작은아이를 안아주면서 아무렇지 않은 듯 말해 주었다.

"정말?"

한마디 던지더니 작은아이는 눈물을 닦고 경기장 안으로 들어갔다. 사실 대회가 리그전 방식이어서 나머지 5라운드를 모두 이기기는 거의 불가능했다. 그래도 끝까지 나오지 않는 작은아이를 기다리면서 너무나 안타까웠다. 그런데 오후 4~5시쯤 되자 밖으로 나온 작은아이의 얼굴이 환해 보였다.

"대상 받았어요! 나머지 5라운드를 모두 이겼어요!"

솔직히 말하면 나는 체스경기 승률 계산하는 방법을 몰랐다. 그저 작은아이에게 희망을 주려고 5라운드를 모두 이기면 우승이라고 말했을 뿐이다. 만약 경기가 네 번 남았다면 '4라운드를 모두 이기면 우승'이라고 말했을 것이다. 그 말에 작은아이는 힘을 내어 큰 상을 받아 왔던 것이다.

이처럼 큰아이와 작은아이는 같은 부모를 두고 같은 집에서 같은 밥을 먹는데도 너무 달랐다. 물론 개성이 뚜렷한 우리 아이들을 키우면서 버겁다고 생각한 적이 더 많았다. 두 아이의 다른 점을 각자의 장점으로 보려고 애쓰기도 했다. 하지만 자꾸 비교하게 되었던 것도 사실이다. 어쩌면 '엄마의 본능' 같은 것이었는지도 모르겠다.

나는 두 아이가 각자의 능력대로 살기를 바랐기에 공부에 대해 비교하는 이야기는 하지 않았다. 특히 작은아이가 부담스러워 할까봐서 큰아이가 학교에서 어떻게 공부하는지에 대해서는 전혀 이야기하지 않았다. 이런 이유 때문인지 큰아이의 서울대 합격 소식을 들었을 때 작은아이의 반응이 엉뚱했다.

“엄마, 나는 형이 공부를 못하는 줄 알았어요.”

이 말에 나는 깜짝 놀랐다. 아이들을 비교하지 않으려고 했던 나의 노력이 성공했다는 것보다는 이제 작은아이가 큰아이를 의식하며 살겠구나 싶어 걱정스러웠던 것이다. 하지만 작은아이는 꿋꿋하게 자기 색깔대로 살아갈 것이라는 믿음도 있었다. 무척 다른 두 아이 덕분에 나의 역량도 커져 있었다.

“형제의 머리를 비교하면 둘 다 망치지만, 개성을 비교하면 둘 다 살린다.”

유대인의 속담이다. 유대인 부모들은 남보다 우수한 사람이 되라고 강요하지 않는다. “남들과는 다른 사람이 되라”고 가르치면서 아이들이 자신의 잠재된 능력을 펼칠 수 있도록 도와준다. 우리나라 부모들도 아이들이 각자의 개성대로 살아갈 수 있도록 여건을 만들고 기다려 준다면 아이들은 보답하듯 자기 색깔을 내며 멋지고 즐겁게 살아갈 수 있을 것이라고 믿어 의심치 않는다.

Tips

1. 아이 각자가 고유한 특징을 갖고 있다는 사실을 받아들이자.
2. 엄마의 생각을 강요하지 말고 아이 스스로의 선택을 존중해주자.
3. 아이가 스스로 결정해서 행동할 때까지 부모는 기다려주자.
4. 가족끼리는 물론, 다른 집 아이와 비교하지 않도록 조심하자.

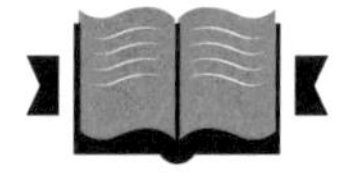

엄마가 '대장질'을 멈추니 스스로 인생의 대장이 된 아이들

아이들이 가진 가능성을 이끌어내려면 엄마들이 욕심을 버려야 하고, 엄마들이 욕심을 버리려면 자기 자신들을 알아야 한다. 그런데 무슨 욕심을 버려야 하느냐고 반문하는 엄마들도 있다.

자신들이 하는 것이 누구를 위해서인지 모르는 엄마들을 보라. 그런 엄마들은 자신의 관점으로 아이들을 판단하고 있다. 아이들에게 좋은 것도 엄마들이 결정한다. 한때는 나도 그런 엄마였던 것 같다.

큰아이가 초등학교 2학년 무렵 "ADHD 아닌가요?"라고 했던 담임 선생님 때문에 내가 불행해졌다고 생각했던 적이 있다. 하지만 지나고 나서 돌아보니 그 선생님 '덕분'에 내가 눈을 떴다는 걸 깨닫게 되었다. 내게 달라질 기회를 주었다고 생각하니 얼마나 고마운 선생님이던가!

내가 어렸을 때 생텍쥐페리의 《어린 왕자》를 여러 번 읽어 늘 머릿속에 남아 있는 문장이 있다. 어린 왕자가 작은 별에 갔다가 임금님을 만났을 때 장면이다.

"그러면 너 자신을 판단하라. 이것이 가장 어려운 일이로다. 남을 판단하기보다는 자기 자신을 판단하는 것이 훨씬 더 어려운 것이니라. 네가 네 자신을 잘 판단하게 되면 너는 참으로 지혜로운 사람인 것이로다."

그 임금님의 말대로 내가 달라지기 위해서는 나 자신을 알아야 했다. 그때 그 선생님의 전화 '덕분'에 지혜로운 엄마가 되고 싶은 마음이 아이들을 사랑하는 마음만큼이나 커다래졌다. 열심히 내가 무엇을 놓치고 있었고, 잘못했는지 찾아 나섰던 것이다. 마침내 깨우침을 얻을 수 있었다.

나 자신이 너무 '커서' 우리 아이들을 제대로 보지 못했던 것 같다. 내 생각, 내 욕심, 내 잣대, 내 기대에 눈이 가려져 아이들을 정확히 볼 수 없었던 것이다. 처음에는 아이들 앞에 나의 높은 기대치를 세워 두었다.

'거기까지 아이들을 어떻게 끌어올려야 할까?'

그런 욕심에 빠져서 아이들을 볼 수 없었다. 하지만 아이들을 정확히 바라보는 것이 무엇보다 중요하다고 생각했다. 그걸 깨닫게 해준 계기가 전화기 너머에서 들려온 "ADHD 아닌가요?"라고 화난 목소리로 물었던 그 선생님의 카랑카랑한 목소리였다. 그 목소리가 내 가슴에 꽂혀 너무 아파 한동안 울고 다니다 보니 문득 천진난만한 큰아이가 보였다. 너무나 밝고 호기심 많은 큰아이가 그제야 내앞에 서 있었던 것이다.

잘못된 것을 바로잡으려면 무엇부터 해야 하나 고민했다. 우선 우리 아이들을 내 의지대로 움직이지 않기로 했다. 아이들이 자신의 의지에 따라 스스로 할 수 있도록 분위기를 조성하려고 노력했다. 이때부터 나는 군대를 이끄는 대장처럼 명령을 내리기만 해왔던 태도를 버리고, 아이들이 원하는 것을 들어주면서 행동하기로 결심했다. 아이들이 스스로 하기를 기다려 주었던 것이다.

말하자면 아이들한테 화가 날 때마다 콧노래를 불렀다. 결혼 전 독일 쪽 회사를 잠깐 다녔을 때 독일인 매니저한테서 배웠던 방법이다. 그는 급하거나 참기 힘들 때 콧노래를 부르곤 했다. 그 흥얼거림이 들리면 나는 그의 심기가 불편하다는 걸 알아차렸다. 그는 마음을 다스린 후 아주 이성적으로 일 처리를 해나갔다. 그렇게 화를 다스리는 그의 모습이 참 좋아 보여서 따라하곤 했다.

노래를 잘 부르지 못하는 나는 쉬운 동요를 흥얼거리듯이 불렀다. 우리 아이들은 내 속도 모르고 동요를 더 크게 따라 불러서 다 함께 웃어버린 적도 있었다. 콧노래를 부르다보면 마음이 그냥 풀렸다. 그것만으로도 부족하면 기도문을 소리 내서 외우기도 했다. 아이들도 시간이 가면서 눈치를 챘다. 기도문을 외우는데 내가 속도를 내거나 소리를 높이면 자기들끼리 '엄마 화났다. 쉿!' 하고 조용히 방으로 들어 가서 자기 할 일을 하기에 이를 정도가 되었다.

나를 다스리는데 어느 정도 성공하고 나니 자신감도 조금 생겼다. '숙제하라'고 말하고 싶었지만 꾹 참으며 속으로만 애태울 수 있게 되었다. 놀고 있는 우리 아이들을 뒤에 두고 설거지하면서 다섯 번 이상을 더 참았다. 그러다가 참고 있기 너무 힘들 때는 속으로 숫자를 '하나, 둘. 셋…' 하고 세어보기도 했다. 그때 뒤에서 "엄마, 이제 숙제할게요!"라는 말이 들려왔다. 나는 속으로 '너 참 잘 참았어!' 하고 스스로 칭찬해 줬다.

말하고 싶은 것을 꾹 참고 있어 보니 우리 아이들이 하나씩 알아서 하는 것이 보였다. 너무 신기하고 놀라웠다. 계속 지켜보면서 알게 된 사실은 지금까지 내가 먼저 나섬으로써 아이들이 스스로 할 기회를 빼앗아버렸다는 점이다. 이렇게 하나씩 하나씩 나 자신의 힘 빼기를 해나갔다. 잘 참아낼 때마다 나 스스로를 쓰다듬어 주었다. 참지 못했을 때에는 스스로를 심하게 질책하면서 가슴 아파하고 반성하기도 했다. 나의 '엄마 대장질' 멈추기는 생각했던 것보다 훨씬 힘들었다.

보통 역사 속에서 만난 임금님들은 자기의 권위가 존중받기만을 바랐기에 불복종을 절대 용납하지 않는다. 하지만 《어린 왕자》에 나오는 착한 임금님은 전권을 갖고서도 이치에 맞는 명령만을 내림으로써 신하들이 스스로 복종해 주기를 원했던 것이다.

"옳도다. 각자에게는 그들이 할 수 있는 것을 요구해야 하느니라. 권위는 우선 이치에 그 터전을 잡는 것이로다. 만약에 네 백성에게 바다에 빠지라고 명령하면 그들은 모반을 일으킬 것이로다. 짐이 복종을 요구할 권리가 있음은 짐의 명령이 이치에 맞기 때문이로다."

그렇다. 엄마는 아이들이 할 수 있는 것을 요구해야 하는 것이다. 아이들이 어른들의 명령에 따르기를 바란다면, 바로 그 어른들의 주장이 이치에 맞아야 하는 것이다. 나는 《어린 왕자》의 좋은 임금님을 떠올리면서 우리 아이들이 받아들일 수 있는 것만 요구하려고 노력했다.

우리 아이들의 생각을 존중하려고 했던 나의 노력은 헛되지 않았다. 아이들이 중·고등학교 시절에 사춘기를 보냈을 때 그나마 우리가 소통할 수 있는 힘이 되었으니까 말이다. 그럼으로써 나는 우리 아이들이 원하는 것과 해야 하는 것을 조율할 수 있었다.

나는 그저 권할 뿐이고, 결정은 우리 아이들이 하게 했다.

"네가 싫으면 안 해도 되니, 일단 듣고 판단은 네가 해."

권할 때에는 두 번 말하지 않았다. 이럴 때마다 아이들은 "뭔데요?"라고 묻거나 "싫어요"라고 자신들의 의사를 분명히 표현했다.

"싫어요"라고 말하면 더 이상 이야기하지 않았다. 아이들이 할 생각이 없는 것으로 판단하고서 지켜보기만 했다. 다시 말하고도 싶었지만 꾹 참았다. 이러다 혈관이 다 터지는 것은 아닌가 싶을 정도였다. 자꾸 참다보니 참는 것에 익숙해져 갔다. 그러다 보니 이런 대화도 가능해졌다.

"엄마가 알아보니 '이런 저런' 것들이 있는데, 네가 하고 싶은 것에 도움이 될 것 같아. 해 볼래?"

"뭔데요?"

이렇게 말하면 그나마 관심이 있는 것이었다. 우리 아이들이 싫다고 하면 절대 하라고 강요하지는 않았다. 아이들이 자기가 선택한 것에 대해 스스로 책임져야 한다는 걸 배우게 하고 싶었기 때문이다. 어차피 엄마의 강요 때문에 한다면 열심히 할 리가 없었다. 게다가 결과가 좋지 않으면 책임을 엄마 탓으로 돌릴 게 뻔했다. 자칫 나쁜 습관만 배게 할 수 있다고 생각했다.

내가 이렇게까지 한 이유는, 주변에서 부모 고집대로 밀어붙여 잘못된 경우를 너무 많이 봤기 때문이다. 초·중학교에서 유명한 '엄친아'였던 큰아이의 선배가 그러했다. 그는 특목고에 진학 후 한동안 소식이 들리지 않았다. 고등학교 1학년이 된 큰아이가 경제를 공부하고 싶다고 해서 경제 전문 학원에 보낸 적이 있었다. 거기에서 큰아이가 그와 함께 수업을 받게 되었다고 한다. 그는 수업시간이면 뒤에 앉아 엎드려 잔다고 했다. 그리고 쉬는 시간에는 밖에 나가서 담배를 피운다고 했다. 하루는 그가 큰아이를 붙잡고 하소연을 했단다.

"나는 대학에서 영문학을 전공하고 싶었어. 그런데 엄마·아빠가 경영이나 경제를 전공해야 한다며 나를 이 학원에 보냈어. 이런 공부를 정말 하고 싶지 않아."

그 이야기를 들으면서 무척 가슴이 아팠다. 그도 불쌍하고, 그 부모의 아픔도 느껴졌다. 아마 내가 달라지지 않았다면 우리 아이들과 나도 그랬을지도 모른다. 우리는 일찍 경험하고 일찍 마음을 내려놓을 수 있었으니 어쩌면 다행이었다. 그 뒤로 들리는 얘기로는 그는 3수를 하고서야 대학에 갔다고 한다. 부모가 그의 이야기를 들어주었다면 힘든 시간을 줄일 수도 있었을 것이다.

물론 엄마인 내가 나 자신을 버리고 우리 아이들을 있는 그대로 받아들이는 과정은 너무 힘들었다. 아는 것과 행하는 것은 너무나 달랐다. 아는 것을 행동으로 옮기는데는 커다란 인내가 필요했다. 이때 신앙은 나에게 큰 힘이 되었다. '아무리 해도 안 될 것 같다'는 마음을 '할 수 있다는 긍정적인 마음'으로 바꿔주었던 것이다. 이때부터 미친듯이 《성경》 공부도 다니면서 무엇이 우리 아이들을 위한 진정한 사랑인지 생각해 보게 되었다.

우리 아이들을 지켜봐주고, 아이들이 원할 때 필요한 것을 해주는 것이 진정한 사랑임을 배우면서 아이들 자체가 소중해졌다. 무슨 결정을 하더라도 나를 온전히 내려놓고 아이들을 중심에 두어야 한다는 생각을 하기 시작했다. 내가 할 수 있는 일은 오직 나를 덜고, 비우고, 버리고, 참고 기다리는 것이었다.

때로는 《성경》 공부를 통해 만난 인생 선배들과 먼저 아이들을 키웠던 경험들을 진솔하게 나눈 덕에 삶의 무게를 크게 덜 수 있었다. 선배들의 질책이 담긴 충고가 나를 버티게 해주는 힘이 되었다.

또 아이들을 키우면서 어려움이 나만 겪는 것이 아니라는 말도 큰 위안이 되었다. 나는 이렇게 한 고비를 넘길 수 있었다.

Tips

1. 엄마 스스로 '욕심 비우는 방법'을 찾아보자.
2. 엄마가 욕심 비우기에 성공했을 때 엄마 자신을 칭찬해주자.
3. 아이의 선택을 존중해주자.
4. 아이에게 '선택에 따른 책임'이 있다는 사실을 가르쳐주자.

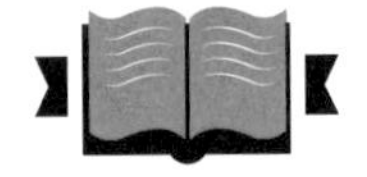

작은아이의 깊은 아픔을 전혀 몰랐던 엄마의 착각

심리학에서는 애착 관계 형성에 중요한 시기를 0~5세로 본다. 애착은 부모와 아이들이 맺는 친밀한 정서적 관계다. 이 시기에 경험한 애착 관계는 인간의 본성을 형성한다고 본다. 다시 말해 성인이 되었을 때의 사고방식, 느낌, 대인 관계를 이루는 행동방식에 결정적 영향을 미친다는 것이다. 이때 형성된 부모와의 관계에 따라 아이들은 안정형 인간이 될 수도 있고, 불안정형 인간이 될 수도 있다는 얘기다.

부모와 안정된 애착 관계를 가졌던 아이들은 성장한 후에도 상대방에 대한 신뢰뿐만 아니라 행동에서도 편안함을 느낄 수 있다. 또한 자신의 감정을 표현할 때에도 상대방을 부드럽게 대할 수 있다. 심리학자 신디 헤이잔과 필립 셰이버에 따르면, "안정형 인간은 사랑을 할 때 열정적 사랑을 느낄 수 있다"고 한다.

반면에 부모와 불안정한 애착 관계를 맺은 아이들은 성인이 돼서도 상대방을 신뢰하지 못한다고 한다. 또 상대방에게서 부정적 반응을 받지 않을까 염려하는 등 불안한 태도를 보인다고 한다. 또한 이런 "불안정형 인간은 자신의 감정을 표현하는 데도 서툴러서 상대방과 만족할 만한 관계를 형성하지 못한다"고 한다. 게다가 이성과 관계를 맺을 때도 친밀해지는 걸 두려워하며, 질투심도 많아 원만한 사랑을 경험하지 못할 가능성이 높다고 한다.

나는 두 아이의 엄마이고, 이 두 아이를 똑같은 사랑으로 키웠다고 자부한다. 두 아이의 기질이나 개성이 다르다는 걸 인정하고, 약간의 차이를 고려해서 키운 것 말고는 똑같은 교육을 시켰다고 생각한다. 그럼에도 두 아이는 엄마로서 나에 대하여 전혀 다른 평가를 내리고 있었다. 큰아이는 엄마 덕분에 자기가 이렇게 자랄 수 있었다고 인정해준다. 이에 비해 작은아이는 사춘기 이후 내내 엄마 때문에 행복한 적이 없었다고 한다. 그럼, 나는 '좋은 엄마'였을까, '나쁜 엄마'였을까? 나는 이런 큰 차이가 어디에서 기인한 것인지 궁금했다.

큰아이는 태어난 뒤 약 2년간 외할머니 집에서 자라면서 외할머니·외할아버지의 사랑을 넘치도록 받았다. 태어나고 한 달 후부터 맡겨졌으니 아무것도 몰랐을 것이다. 주말에 부모인 우리가 찾아가면 엄마·아빠랑 즐겁게 지내고, 헤어질 때는 예쁘게 인사도 잘했다. 이후 서울 우리 집으로 올 때도 너무 신나하며 나를 따라왔다. 환경 변화로 큰아이가 힘들어할까봐 걱정했는데, 큰아이는 아무렇지도 않게 보였다. 오히려 큰아이가 외할머니 집을 떠날 때에는 외할머니가 섭섭해 하면서 눈물을 보였을 정도다.

이처럼 큰아이는 아주 자연스럽게 나와 둘이서 많은 시간을 보냈다. 큰아이와 함께 뛰어놀고 식사하면서 많은 이야기를 나누었고, 나 역시 외할머니·외할아버지처럼 사랑을 듬뿍 주었다. 같이 책도 보고 칼싸움도 하면서 마냥 즐겁게 지냈다. 시장 보러 갈 때에도 함께 가고, 산책도 함께하면서 우리는 모자 관계를 단단히 다졌다. 작은아이가 뱃속에 있을 때 큰아이는 내가 다칠세라 작은 몸으로 내 몸을 '막아'주기도 했다. 큰아이는 나와 동생을 지켜주며 건강한 아이로 잘 자라주었다.

큰아이와 작은아이는 3살 차이다. 큰아이가 동생이 태어난 지 약 6개월 무렵 서럽게 울면서 말했다.

"동생이 태어나기를 많이 기다렸는데, 엄마는 늘 나만 혼내고 동생만 사랑해. 나하고는 놀아주지도 않잖아."

인간이 첫 번째로 받는 큰 스트레스는 '동생을 보는 것'이라는 말이 있다. 큰아이도 다른 아이들과 마찬가지로 동생에게 질투심을 느꼈던 것 같다. 이런 자기의 감정을 큰아이가 솔직하게 드러내 보였던 것이다. 당황스럽기도 했지만 큰아이를 혼내기는커녕 안아주며 말했다.

"엄마가 미안해. 엄마가 그런지 몰랐어. 동생이 작아서 꼼짝 못하니 엄마가 할 일이 많아지고 바빠져서 그래."

큰아이는 곧 괜찮아졌다. 큰아이가 이렇게라도 감정 표현을 해주어서 너무 고마웠다. 큰아이는 이런 식으로 엄마와 소통을 했던 것이다. 다행히 큰아이는 엄마한테 이해를 구할 줄 알아서 동생으로 인한 스트레스를 풀 수 있었던 것 같다. 이후 큰아이는 더 이상 동생을 질투하거나 엄마한테 투정부리지 않았다. 동생하고 싸우지도 않았고, 동생을 걱정하며 늘 챙겨주는 모습을 보여 주었다.

아이들은 크든 작든 자기의 감정을 표출해낸다. 그때 부모가 빨리 알아차려 원인을 해결해주면 아이들과 부모는 좋은 관계를 형성할 수 있다. 우리 큰아이 또한 내가 자기의 외침을 들어주었기 때문에 엄마와 긍정적인 관계는 물론이고, 동생과도 좋은 관계를 유지할 수 있었던 것 같다. 한번은 초등학교 1학년인 큰아이를 크게 혼낸 적이 있었다. 얼마 후 너무 미안해서 큰아이를 달래주려고 했는데 큰아이가 대뜸 내게 이렇게 말하는 게 아닌가.

"엄마는 나를 사랑해서 혼내는 거잖아."

부모님이나 선생님이 혼내는 것은 사랑하기 때문이라고 학교에서 배웠다며 설명도 해주었다. 큰아이는 다른 사람과의 관계에서도 이렇듯 매사 긍정적인 편이었다.

반면에 작은아이는 달랐다. 걷기 시작할 때부터 가족을 무척 챙겼다. 우리 가족이 외출을 할 때면 나란히 서서 걸으라고 했다. 한 사람이라도 뒤떨어지면 나머지 둘을 붙들고 서서 기다리게 했다.

사랑도 아주 많은 아이였고, 말을 조금씩 할 때부터 아주 독립적이었다. 약을 먹을 때나 대소변을 볼 때도 "내가"라고 말하면서 혼자 해보려고 애썼다. 3살이나 많은 형보다 독립심도 강했다.

작은아이는 내 손이 가는 일이 없도록 자기가 알아서 척척 잘해냈다. 작은아이는 초등학교 6학년이 될 때까지 단 한 번도 신경 쓸 일을 만들지 않았다. 어디를 가도 작은아이는 칭찬을 받아서 나는 '작은아이가 그저 잘 자라고 있구나'라고 생각하며 감사하는 마음까지 갖기도 했다. 이런 작은 아이를 나는 그저 믿고 지켜보고 있었을 뿐이다. 그러다가 '이제는 작은아이한테도 신경 쓸 때가 된 것 같다'고 생각하던 차에, 그러니까 작은아이가 초등학교 6학년쯤이던 어느 날이었다. 별로 말이 없던 작은아이는 내 마음을 읽기라도 한 것처럼 불쑥 내뱉었다.

"엄마가 이상해졌어요. 하던 대로 하세요."

이 말의 의미가 궁금했지만 더이상 묻지는 않았다. 나는 작은아이를 믿고, 심지어 의지하고 있었기에 소홀히 생각하고 넘어가 버렸다. 하지만 이 말의 의미를 작은아이가 중학교에 들어간 뒤에라야 비로소 알 수 있었다.

"엄마는 형만 챙겼잖아요. 그런데 왜 갑자기 나한테 관심 있는 척 하세요?"

중학생이 된 작은아이의 생뚱맞은 이 말 때문에 너무 큰 충격을 받았다. 이때까지 작은아이는 야단 칠 일이 없어서 예뻐하기만 했는데 말이다. 사실 큰아이한테 미안할 정도로 작은아이한테는 너그러웠다.

"엄마는 너만 사랑해."

그런데 작은아이가 화난 듯 한마디로 잘라 말했다.

"안 그러셔도 돼요."

그때 처음으로 심상치 않은 걸 느꼈다. 그냥 넘어갈 수 없어서 친한 친구에게 조언을 구했다. 그 친구는 내가 잠시 잊고 있었던 작은아이의 일을 상기시켜 주었다.

작은아이는 4살 때 시골에 있는 시어머니 집으로 보내졌다. 내가 공부를 한다는 이유로 떼어놓을 수밖에 없었던 것이다. 작은아이는 떨어지기 싫다면서 울며불며 매달렸다. 어쩔 수 없이 작은아이를 재우고서 우리만 서울로 올라왔다. 그래도 쉬는 날이면 찾아가서 놀아주었지만, 정작 우리가 서울로 올라갈 때가 되면 작은아이는 잠을 자지 않고서 지키고 있었다. 엄마가 자기만 두고 가버릴 것 같아서인지 잠 오는 눈을 비벼가며 눈을 뜨고 있었던 것이다.

겨우 작은아이를 잠재우고 서울로 올라온 뒤 그 다음 날 아침에 일이 생긴 적도 있었다. 작은아이가 눈을 떴는데 엄마랑 형이 보이지 않자 울면서 뛰어나가다 유리문에 부딪쳤다는 것이다. 유리는 깨졌지만 다행히 작은아이는 다친 데가 없었다. 당장 가서 작은아이를 데려오고 싶었는데 남편이 말렸다. 지금 생각해보면 참 어리석은 짓이었다.

그로부터 1년 후에 작은아이가 집으로 돌아왔지만 서먹서먹하게 지냈다. 큰아이는 2년이나 외갓집에서 살았어도 전혀 그런 느낌이 없었기에 작은아이의 문제를 너무나 가볍게 여겼던 탓도 있다. 그때는 몰랐지만 훗날 생각해보니 큰아이는 가족이 뭔지 몰랐으니 비교 대상도 없었던 것이다. 하지만 작은아이는 가족과 함께 살다가 자기만 혼자 떨어져 있다고 생각했던 것 같다. 형도 없고 자기만 혼자 남겨졌으니 작은아이의 마음 한구석에 '버림받았다'는 기분이 들지 않았나 싶다.

이런 이유로 나 또한 작은아이를 키우면서 단절된 느낌을 자주 받곤했다. 대화를 할 때도 나만 이야기하는 듯했다. 작은아이가 나한테 담을 쌓고 있는 것 같았다. 이 보이지 않은 담을 넘어보려고 많은 노력을 했으나 번번이 실패했다. 내가 노력할수록 그것은 간섭이나 강요로 간주되었다.

작은아이는 특히 사춘기를 보내던 내내 나를 철저히 불신했다. 아니, 거부하고 있었다는 말이 맞을 것 같다. 가끔은 작은아이가 말하는 사람이 정말 '엄마인 나'인가 싶을 정도였다. 작은아이는 내 말을 이해하려 들지 않았다. 아예 내 말을 듣기조차 싫어했다. 너무 힘들 때마다 나는 수영장에 가서 물 속에 들어가 펑펑 울었다. 그러면 조금 나아졌고, 작은아이에게 말을 걸 수 있었다. 너무 억울했지만 사춘기라는 '병' 때문에 그러려니 하면서 견뎌내야 했다.

너무 긴 터널의 끝이 보이지 않으면 어쩌나 하는 걱정도 들곤 했다. 하지만 그저 '엄마'라는 이유로 다 받아들여야만 했다. 작은아이가 사춘기 때 폭발시킨 감정은 고등학생이 되자 대학 입시로 인한 스트레스까지 더해지면서 점점 더 심해졌다.

작은아이는 고등학교 2학년 말쯤 돼서야 자신의 감정을 추스르게 되면서 스스로 찾아가 담임 선생님한테 상담을 받았다고 한다.

"옛날에는 나한테 관심도 없던 엄마가 갑자기 친한 척했어요. 갑자기 생각해준다면서 대학 이야기를 하니 적응이 안 되고 화가 났어요."

작은아이가 선생님한테 상담 받았을 때 한 이야기라고 했다.

"그건 엄마가 너에게 관심이 없어서가 아니라 너를 믿어서 그랬던 거야."

작은아이는 선생님이 해준 말을 자신이 나름대로 정리해서 나에게 전해주었다.

"엄마, 그래서 나도 그렇게 생각해 보려고요."

이 말을 듣는 순간 나는 눈물을 펑펑 쏟았다. 솔직히 작은아이가 '엄마인 내가 자기한테 관심이 없다'고 생각하는 줄 몰랐다. 작은아이가 나하고 이렇게 담을 쌓고 지냈다는 사실을 전혀 몰랐다. 그동안 지나간 시간들이 주마등처럼 스쳐 지나가면서 자꾸 눈물이 났다.

고백하건대 두 아이의 입학식이 겹치면 큰아이 입학식에 갔고, 학부모 총회가 겹쳐도 큰아이 학교로 가야 하는 줄 알았다. 작은아이가 고등학교 입시를 준비하던 학원의 원장에게서 전화를 받았을 때도 그랬다. 마침 큰아이의 대학 입시가 코앞에 있었기 때문이기도 했다.

"원장님, 제가 고3 엄마라 원장님 말이 무슨 말인지 잘 안 들어와요."

그러자 그 원장이 했던 말을 지금도 또렷이 기억한다.

"어머님, 작은아이도 잘돼야지요."

그 순간 뜨끔했지만 나는 이렇게 말할 수밖에 없었다.

"네, 원장님이 우리 작은아이 잘되게 신경을 좀 더 써주세요."

아무런 미안함도 죄책감도 없이 작은아이가 이해해주리라고 생각했던 것이다. 이러는 동안에 작은아이가 얼마나 외로웠을지 생각하니 내 가슴은 미어지게 아팠다.

"고마워, 마음을 풀어줘서…."

작은아이의 손을 잡고 화해하듯 말했다. 그 순간 끝이 없을 것 같았던 긴 터널을 빠져나온 듯했다. 작은아이도 가슴속에 쌓인 응어리를 풀어내는 것 같았다. 이로써 작은아이가 4살 때부터 받은 상처가 아물어갔다. 참고 기다리기를 잘했구나 싶었다. 지금은 대학생이 된 작은아이가 편해 보여 좋다.

1. 영유아기 때 아이와의 관계에서 사랑과 신뢰를 쌓아가자.
2. 아이가 하는 말에 주의를 기울이며 대화하자.
3. 아이가 어려서 모른다고 생각하지 말고, 하나의 인격체로서 대접하자.
4. 아이가 감정을 표현할 때는 먼저 공감해주자.

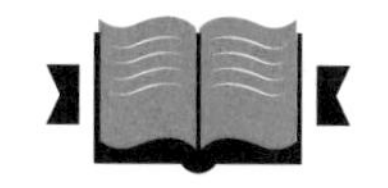

사춘기와 갱년기의 맞짱!

인터넷 백과사전인 '위키피디아'에는 사춘기에 대한 정의가 다음과 같이 나와 있다.

"사춘기는 육체적·정신적으로 성인이 되는 시기로서, 만 12세 전후로 나타나는 제2차 성징으로 알려져 있다. (중략) 이 시기에는 심리적으로 예민해지며 사소한 일에도 쉽게 짜증을 내는 일이 많다. 그런 이유로 사춘기에 부모와 마찰을 겪는 경우가 많다."

사춘기 하면 막연히 '그렇구나!' 하고 생각하기는 했지만, 직접 처음 겪었을 때는 나 역시 황당했다. 일단, 아직도 '나'를 버리지 못한 엄마는 아이들의 사춘기를 힘들게 받아들인다. 이런 엄마는 늘 '아이들이 어떻게 저럴 수가 있지?'라고 생각한다. 엄마 자신뿐만 아니라 아이들까지 괴롭히다가 엄마와 아이들 사이에 마찰이 생겨 모두 힘들어 하곤 한다.

그렇다면 어떻게 해야 하는가? 가장 어려우면서도 가장 쉬운 방법은 엄마가 치밀어 오르는 '나'를 버리고 아이들의 입장에서 생각해주면 된다. 엄마는 '아이들이 성인이 되는 과정에서 힘들어하는구나!' 하면서 아이들의 사춘기를 받아들이면 된다. 이 정도만으로도 엄마 자신은 물론 아이들도 마음의 안정을 찾게 된다. 아이들은 엄마가 이해해 준다는 것을 느낌으로써 엄마의 사랑을 확인할 수 있기 때문이다. 이때 아이들은 엄마의 인정과 공감을 받음으로써 '착한' 사춘기를 보낼 수 있다. 이로써 엄마도 아이들도 한결 편해질 수 있는 것이다.

사춘기가 시작되면서 우리 아이들의 눈빛이 달라졌다. 큰아이의 사춘기가 시작되었을 때는 몹시 당황스러움을 넘어 답답함이 숨통을 조였다. 세상이 깜깜해져 아무것도 보이지 않았다. 처음 겪는 일이라 어떻게 대처할지 몰라 우왕좌왕했다. 큰아이의 눈을 볼 때마다 무섭기까지 했다. 내가 무슨 말을 해도 듣지 않겠다고 결심한 듯 보였다.

사춘기가 오기 전의 큰아이는 항상 나를 살피던 아이였다. 나는 약한 모습으로 동정표를 받아보고자 힘을 빼고 아픈 척도 했다. 하지만 큰아이는 이미 엄마한테는 관심이 없는 듯 내가 무슨 짓을 해도 끄덕도 하지 않았다.

"엄마 갱년기거든!"

발악하듯 소리를 질러보기도 했다.

"저는 사춘기라고요!"

큰아이도 이렇게 '맞짱'을 떴다. 전혀 상상하지 못했던 큰아이의 반응에 너무 놀라고 당혹스러워 눈물이 났다. 그때 사춘기를 먼저 겪은 엄마들이 했던 말이 번뜩 생각났다.

'엄마 갱년기하고 아이 사춘기가 부딪히면 갱년기가 진다.'

그 순간 얼른 큰아이의 손을 잡고 말했다.

"엄마가 몰라줘서 미안하구나. 엄마가 나만 힘들다고 생각했어."

그랬더니 큰아이의 눈에서 힘이 풀렸다. 그때서야 '아, 이거구나' 하는 생각이 들었다.

사춘기가 오기 전까지만 해도 큰아이는 나름 잘해보려고 노력하는 듯 보였다. 그런데 큰아이가 중학교 2학년 공개수업 때에는 완전히 다른 모습이었다. 공개 수업 내내 나를 포함한 엄마들은 교실 뒤쪽에 서서 지켜봤다. 선생님이 설명을 해도 큰아이는 칠판을 보지 않고 뭔가를 노트에 쓰고 있었다. 선생님이 질문을 할 때도 다른 아이들은 "저요! 저요!"를 외치는데 큰아이만 고개조차 들지 않았다.

이런 모습을 처음 보던 터라 큰아이가 무엇을 하는지 몰래 들여다봤다. 큰아이는 노트에 만화를 그리고 있었다. 어이가 없어서 당장 큰아이를 교실 밖으로 데리고 나오고 싶었다. 하지만 꾹꾹 눌러 참았다. 그러고는 옆에 있던 다른 엄마들이 알아차릴까봐 얼른 나와 버렸다. 집에 돌아왔는데 아무 일도 손에 잡히지 않았다. 나는 큰아이의 학교 셔틀버스가 도착할 때쯤 집에서 뛰어나갔다.

"어디 가세요?"

셔틀버스에서 내린 큰아이는 나를 보더니 반가워하면서 물었다.

"아들 마중 나왔지. 우리 아들 고생했네. 학교 수업 지루했지?"

나는 아무 일도 없었다는 듯 큰아이의 손을 잡으면서 응해 주었다.

"그런데 엄마, 그걸 어떻게 알았어요?"

"내가 공개수업에 갔잖아, 너 억지로 참느라 고생하더라."

애써 태연하게 말했다.

"응, 엄청 지루해 죽는 줄 알았어요."

큰아이는 배시시 웃으면서 말했다.

이런 이야기를 나누다 보니 큰아이를 이해할 수 있게 되었고, 내 마음도 한결 가벼워졌다. 그날은 그렇게 '큰 강'을 건너온 듯했다. 감정대로 행동하지 않는 나 자신이 참 잘했다는 생각마저 들었다. 그렇게 하루를 마무리하면서 나는 큰아이의 일거수일투족에 예민하게 반응하지 말자고 결심했다. 남들에게 피해를 주는 게 아니면 아이의 삶을 인정해 주기로 마음 먹었던 것이다. 그날 이후 나는 정말로 큰아이가 무엇을 하고 다니든 일일이 간섭하지 않았다. 하지만 솔직히 나 자신의 마음을 비우기가 쉽지 않았다. 매일매일 덜고, 비우고, 버리고, 참으면서 기다렸다.

그래도 이런 일들은 양호한 편이었다. 큰아이는 매달 한 번 정도는 사고를 쳤다. 야간자율학습 시간에 학교를 빠져나와 PC방에 갔다가 반성문을 쓰기도 했다. 또 친구하고 우유팩을 던지며 놀다가 하필이면 교감 선생님이 맞을 뻔해서 그 벌로 청소를 하기도 했다. 그 이후에도 친구 좋아하고 호기심 많은 큰아이는 엉뚱한 사고만 '뻥뻥' 치고 다녔다.

당연히 내가 학교에 불려가는 일이 많아졌다. 학교에서 호출할 때마다 나는 어딘가로 숨고 싶었다. 그럼에도 큰아이의 일에 간섭하지 않기로 한 이상 참고 있을 수밖에 없었다. 이렇게 나는 '또 다른 나'와 싸우고 있었다.

물론 나에게도 이유 없이 신경질을 부리고 친정엄마한테 떼를 쓰던 사춘기가 있었다. 그 당시 친정아빠가 방에 들어와서 내 등을 두드려 주면서 위로해 준 적이 있었다.

"알아, 네가 사춘기라 그래."

사춘기가 뭔지도 모르던 그 시절, 친정아빠의 이해와 지지가 내 마음에 평화를 가져다 주었다. 친정아빠에게서 받았던 이해와 지지를 큰아이에게 보내 주었다. 큰아이도 내가 그랬던 것처럼 알 것이라고 믿었기 때문이다. 그후 사춘기를 겪던 큰아이는 아는지 모르는지 점차 평정심을 찾아갔다.

작은아이 역시 사춘기를 심하게 겪었다. 이상하게 들리겠지만 나는 작은아이가 사춘기를 겪지 않을 줄 알았다. 작은아이는 유순하고 말이 없었기 때문이다. 또 모든 것을 알아서 하고, 엄마를 힘들게 하지도 않았기 때문이다. 설사 사춘기를 겪더라도 별 문제가 없을 것이라고 생각했다. 큰아이 때 이미 겪어서 작은아이의 사춘기에도 잘 대처할 수 있으리라는 자신감이 있었던 것도 사실이다.

그러나 '착했던' 작은아이의 사춘기는 큰아이 때보다 더 길고 무서웠다. 나중에 안 사실이지만 나는 작은아이의 사춘기가 언제 시작됐는지도 몰랐다. 큰아이의 입시가 끝나자마자 나한테 무섭게 달려들었다. 지금까지 숨겨놓은 칼날을 세우기라도 한 것 같았다. 이 당시 작은아이에게 나는 완전히 '죄인'이었다.

"엄마 때문에 안 행복했어. 엄마가 언제 나한테 신경 썼어? 신경도 안 써놓고 뭘 기대해?"

작은아이는 이렇게 외치면서 반항했다. 내가 가만히 숨죽이고 있어도 작은 일이라도 생기면 다 엄마 탓이었다. '빽' 하면 답답하다며 집을 나가 버렸다. 툭하면 학원에도 가지 않았다. "집에 무슨 일이 있었냐?"고 학원 선생님이 매번 물을 정도였다.

그저 답답하다고 집 나가는 작은아이를 보노라니 나도 가슴이 답답해졌다. 그럴 때마다 가슴이 단단한 돌이 된 것처럼 감각이 무디어갔다. 내 가슴을 쥐어짜며 얼마나 울었는지도 모른다.

갑자기 작은아이가 고등학교 2학년 여름방학 때 친구와 독일 여행을 같이 가고 싶다고 했다. 얼마 동안 고민하다가 작은아이가 답답한 마음을 12일간의 여행으로 풀 수 있기를 바라면서 다녀오라고 했다. 우리나라 고등학생이나 학부모에게 고등학교 2학년 여름방학은 엄청 중요한 시기임에도 긴 인생에서 보면 2주 정도의 시간은 별것 아니라고 생각했다. 또 작은아이가 무심코 던진 말 때문에 내린 결정이기도 했다.

"학교 친구들이 왜 대학을 가야 하는지도 모르고 '대학, 대학' 하는 것도 싫고, 친구들이 성적만을 위해 달리는 것도 보기 답답해!"

작은아이가 학교생활에 적응하지 못하는 것 같아 안타까웠다. 한편으론 힘들어하는 작은아이가 이해되기도 했다.

이런 사실을 안 다른 사람들은 속도 모르고 물었다.

"댁의 작은아이요, 독일 무슨 대회에 보냈어요?"

"대학 수시 입학 준비를 하는 건가요?"

그러나 내 마음을 비우면서까지 작은아이의 마음에 평화가 오기를 바랐던 것은 욕심으로 끝났다. 작은아이는 독일 여행에서 돌아오고 며칠 있다가 또 집을 나갔다. 그냥 가슴이 답답해서라고 했다.

이런 작은아이를 보고 있자니 한없이 눈물이 났다. 울다가 지치면 또 작은아이가 불쌍해 보였다. 그러다 잠잠해지는가 싶더니 어느 날은 작은아이가 학교를 그만두겠다고 일방적 선언을 해 버렸다. 큰아이가 사춘기를 겪던 때와는 완전히 달랐다. 외향적인 큰아이는 친구들과 장난을 심하게 치는 정도였다. 밖으로 드러난 행동들에 대해 큰아이를 야단치고 타이르면 그만이었다.

그런데 작은아이는 내성적인 편이었다. 마음이 아픈 사춘기에는 엄마인 내가 할 수 있는 것이 아무것도 없었다. 그저 언제 끝날지 모를 사춘기가 지나가기를 기다리는 수밖에 없었다. 작은아이의 사춘기를 겪고 있자니 큰아이는 '예쁜' 사춘기를 앓은 것처럼 여겨졌다. 다행히도 작은아이의 사춘기는 시간이 흘러가면서 서서히 잦아

들었다.

사춘기는 모든 아이들이 겪는 '병'이다. 부모가 사춘기를 겪는 아이들을 잡으려고 맘대로 하다가 더 망치는 경우도 많이 봤다. 사춘기에는 부모가 자의적으로 판단하지 말고 기다려 주면 된다. 그러면 아이들은 이 시기를 잘 이겨내고 멋진 성인으로 성장할 것이다.

큰아이와 작은아이의 사춘기도 그렇게 지나갔다. 지금은 '아주 예전에 있었던 일'처럼 느껴지지만, 그때에는 나도 두 아이에게 여러 번 상처를 주면서 반성하기도 여러 번이었다. 그나마 다행스러운 것은 곧 깨닫고 버릴 것은 버려 가면서 나 역시 성숙한 엄마가 되었다는 사실이다. 아이들이 커 가면서 엄마인 나도 같이 성숙해졌던 것 같다. 지금은 두 아이들과 겪은 사춘기 시절의 경험이 좋은 추억으로 남아 있어 감사할 따름이다.

Tips

1. 사춘기는 누구나 겪는 것일 뿐, 우리 아이가 유별난 것이 아니다.
2. 사춘기를 어른으로 성장하는데 따른 성장통으로 이해하자.
3. 사춘기를 겪고 있는 아이가 더 힘들다는 사실을 인정하자.
4. 아이를 부모와 동등한 인격체로 대우해주자.

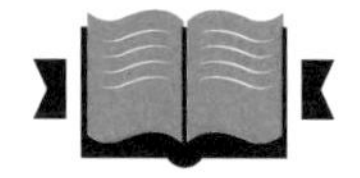

공부를 담보로 하는 아이의 이기적 요구는 거부해주자

어떤 아이들은 엄마들의 성화 때문에 억지로 공부한다. 이런 아이들은 일정 시간이 되면 폭발할지 모르는 '시한폭탄'과 같다. 또 어떤 엄마들은 아이들이 공부를 해야만 잘 산다고 생각한다. 이런 엄마들은 공부하는 아이들 앞에서 너무 저자세를 취해 아이들에게조차 부담이 되기도 한다.

또한 아이들이 공부한다고 하면 뭐든지 해주는 엄마들도 많다. 똑똑한 아이들은 이 점을 교묘하게 이용하기도 한다. 이런 엄마들은 평생 아이들에게 발목 잡혀 살 수 있다. 심지어 엄마들이 아이들의 학교를 거의 매일 다니는 경우도 있다. 이런 엄마들을 아이들은 '교복 입어야 하는 엄마'라고 부른다고 한다.

이런 모습이 과연 올바른 자식 사랑인지 생각해 보라. 사실 이런 엄마들의 '열정'에 아이들이 열심히 공부해서 좋은 결과로 보답해 준다면 다행이다. 그런데 분명한 것은 엄마의 그런 열정만으로 아이들이 엄마가 원하는 대학에 갈 수 있는 것은 아니다.

좋은 결과를 내는 아이들을 보면 스스로 열심히 공부한 경우가 대부분이다. 이런 아이들은 자신의 목표를 향해서 공부한다고 생각하기에 어려움도 기꺼이 견뎌 낼 수 있는 것이다. 반면에 엄마들의 지나친 관심과 사랑을 받은 아이들은 그것이 부담되어 '난 엄마 때문에 공부한다'라는 생각을 가질 수도 있다. 이런 아이들은 자기 의지의 결핍으로 위기 극복을 위한 힘이 부족하여 좋은 결과를 기대하기 어렵다.

큰아이가 사춘기 시절이던 중학교 2학년 무렵, 한때 애플 아이팟이 유행한 적이 있었다. 어느 날 큰아이의 아이팟을 압수한 선생님이 그걸 잃어버렸다고 한다. 선생님이 사 준다고 약속했지만, 빨리 사주지 않는다며 큰아이는 투덜거렸다. 그 소리를 듣고 깜짝 놀라 내가 사준다고 했다. 큰아이는 이왕 사줄 거 신형을 사달라고 떼를 쓰기 시작했다.

사실 신형으로 바꿔주고 싶기도 했다. 하지만 떼를 쓴다고 다 해주면 앞으로도 계속 떼를 쓸 것 같아 같은 버전의 중고를 사주겠다고 약속했다. 하필 다음 날이 큰아이의 중간고사가 시작되는 날이었다.

"안 사주면 공부 안 할 거예요!"

큰아이가 한마디 내뱉고서 방으로 들어가 문을 잠가 버렸다. 잠그는 것도 부족해서 침대를 끌어다가 문을 막아 버렸다. 나 또한 너무 화가 나서 문을 부셔 버릴까 하는 마음을 먹고 큰아이 방문 앞에 주먹을 불끈 쥐고 서 있었다. 이런 경우는 처음이라 몹시 당황스러워 어떻게 해야 할지도 몰랐다. 그 순간, '이렇게 해서 엄마들이 아이의 방문을 발로 차는 바람에 뼈에 금이 가 깁스하고 모임에 나타나는구나' 하는 생각이 들었다. 어쩔 수 없이 조용히 돌아서고 말았다.

안방에서 기도를 하며 나는 이런저런 생각에 잠겼다.

'어떻게 하지? 내가 아이팟을 사준다고 하면 저 아이는 앞으로 계속 저럴 거야.'

그때 모임에서 오래 만났던 지인 한 분이 해준 말이 생각났다. 지인은 자신의 아이에게 해달라는 대로 모든 것을 다해 줬다고 한다. 그 아이는 성인이 돼서도 계속 엄마한테 의존하며 형편이 좋지 않은데도 원하는 것을 해주지 않으면 집에서 난리를 피운다고 했다. 그 순간 만감이 교차됐다.

'이렇게까지 공부시키면 뭘 하겠나.'

'올바른 생각을 갖고 자라면 공부를 못 하더라도 뭐라도 해 먹고 살겠지.'

'어렸을 때 생각이 한 번 잘못 박히면 커서도 마찬가지겠지.'

'그깟 중간고사 한 번 망친다고 큰일 안 난다.'

'버티자.'

'욕심을 버리자.'

'큰아이 인생이다.'

이렇게 생각한 후 내린 결론은 내 마음을 내려놓는 것이었다.

"공부는 너를 위한 거지, 엄마를 위한 게 아니야. 공부를 하든 안 하든 네가 알아서 해!"

나는 큰아이의 방문 앞에 서서 큰 소리 치고는 밖으로 나가 버렸다. 당차게 한마디 하고 나왔지만 앞으로 어떤 일이 벌어질까 생각하니 두려움에 온몸이 떨렸다. 가슴이 답답해서 가만히 있을 수가 없었다. 떨리는 마음으로 동네를 돌아다녔다. 그때가 밤 11시쯤이었으니, 시험공부를 하기에는 너무 늦은 시간이었다. 큰아이로부터 전화가 걸려왔다.

"엄마, 어디세요? 잘못했어요."

'휴, 살았다!'

그제야 편안히 숨을 쉴 수 있었다.

"그래 어서 자라. 늦었다."

어차피 시험은 내 맘에서 접었으니 초연한 마음으로 말했다. 큰아이가 나한테 잘못했다고 말했으니 나는 더 이상 아무 말도 하지 않았다. 집에 돌아왔을 때 큰아이는 자고 있었다. 자고 있는 큰아이를 보자 실망이 컸다. 큰아이가 내일 있을 시험에 대비해 공부하고 있으리라고 기대했기 때문이다. 큰 아이는 예상대로 시험을 망쳤다. 그나마 다행이라면 시험은 망쳤어도 그 후론 큰아이가 '공부를 담보로 나에게 무언가를 요구하는 짓'을 다시는 하지 않았다는 사실이다.

큰아이와 너무나 다른 작은아이는 또 다른 모습을 보였다. 작은아이도 역시 사춘기를 겪던 때에 공부가 엄마·아빠를 위한 것인 양 시비를 걸어왔던 적이 있다. 마치 부모인 우리가 자기에게 좋은 대학을 강요한 것처럼 심통을 부렸던 것이다.

우리 가족은 종종 식탁에 둘러 앉아 교육 현실이나 입시에 대해 이야기를 해왔다. 그럴 때 마다 작은아이는 마치 우리가 자신의 문제에 대해 왈가왈부하는 것으로 받아들여 민감하게 반응했다. 오히려 우리 부부는 작은아이가 '좋은 대학'에 큰 욕심이 없다고 생각하고 큰 기대를 걸지 않았다. 큰아이도 그랬지만 작은아이에게도 '좋은 대학'에 가야 한다고 말한 적이 없었다. 그런데 작은아이는 우리 부부가 아주 큰 욕심을 내고 있는 것처럼 화를 내곤 했다.

처음에는 변명도 하면서 작은아이를 달래보려고 했다. 입시에 대한 스트레스 때문이라며 이해해 보려고도 했다. 그러다가 작은아이가 엄마·아빠 핑계를 대는 것이 습성이 되면 어쩌나 하는 걱정까지 들었다. 하루는 작은아이를 붙잡고 작심하듯 냉정하게 말해 주었다.

"네가 어떤 대학을 나왔는지가 엄마·아빠한테는 중요하지 않아. 어느 대학을 나왔든 성실하게 열심히 노력하는 사람이 잘사는 거야. 네가 좋은 대학을 가면 기회가 좀 더 많아질 뿐이야. 잘 먹고 잘 살 수 있을 가능성이 높아지는 거지. 엄마·아빠는 그런 네 모습을 보면 단지 기쁠 뿐이야. 어차피 네 인생이다. 엄마·아빠를 위해서

'좋은 대학' 가야 한다고 생각하면 공부를 안 해도 돼. 네가 힘들게 살면 엄마·아빠는 너를 걱정하겠지. 그래도 우리가 너를 위해 해 줄 수 있는 것은 없어."

작은아이는 그 말을 알아들었는지 더 이상 엄마·아빠 때문이라는 말을 꺼내지 않았다.

작은아이의 대학 합격 소식을 듣고 난 후 얼마가 지났을 무렵이다. 작은아이는 나더러 이야기를 하자더니 대뜸 말했다.

"제가 대학에 합격해 엄마·아빠가 기뻐하시니 저도 참 좋아요."

가슴이 뭉클해지고 눈물이 나면서 작은아이에게 말했다.

"아들! 고마워. 수고했어."

작은아이는 '네가 대학을 가면 엄마·아빠는 단지 기쁠 뿐이란다'라는 엄마의 말을 가슴에 담아두었던 것 같다. 작은아이와 나는 고등학교 3년 내내 아픈 가슴을 쥐고 살아왔다. 어떻게 그 힘든 시기를 보냈는지 싶다.

Tips

1. 아이가 '공부는 자신을 위한 것'임을 깨닫게 하자.
2. 아이에게 공부하는 대가로 물질 공세를 펴지 말자.
3. 아이에게 공부를 강요하지 말자.
4. 부모의 삶과 아이의 삶이 분리되어 있음을 알려주자.

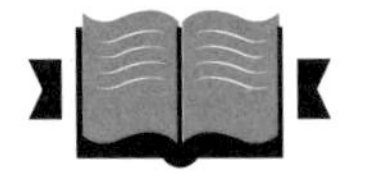

진도 위주의 조급한 공부는 아이의 탈진을 초래할 뿐이다

1994년에 성수대교 붕괴 사고가 나고 다음 해 여름에는 삼풍백화점이 무너졌다. 전 세계적으로 부끄러운 일이었다. 내가 다녔던 독일계 기업의 독일인 매니저는 한국인들의 '빨리빨리 정신' 때문이라고 비판했다. 기분이 나빠진 나는 한강의 기적은 한국인의 '빨리빨리 정신'의 결과물이라고 우겼다. 사실, 그 당시에 매니저는 한국 고객들이 빨리빨리 해달라고 재촉해서 스트레스를 많이 받았던 터다.

독일인들은 '안전'과 '일의 정확함'을 중시하고, 신뢰와 믿음으로 완벽함을 추구했다. 재촉한다고 해줄 수 있는 사람들이 아니었다. 그런 독일인에게 '빨리빨리'하라는 한국인들이 이상해 보였을 것이다. 지금 생각해 보면 매니저가 옳은 지적을 했던 것 같다.

나 또한 두 번에 걸친 큰 사고를 보면서 '기초가 부실하면 얼마나 큰일이 벌어질 수 있는지'를 배웠으니까 말이다.

아파트 건축 현장을 처음부터 끝까지 지켜볼 기회가 있었다. 규모에 따라 다르겠지만 아파트 공사는 대략 3년 정도 걸리는데, 터 잡기를 포함해서 바닥공사까지가 1년 이상 걸렸다. 언제 끝날까 싶던 바닥공사 등 기초공사가 잘 끝나면 건물은 쑥쑥 올라갔다. 이처럼 기초공사는 시간과 공력이 많이 들어가는 일이었다.

아이들의 교육도 마찬가지다. 기본을 탄탄하게 다지면 실력이 쑥쑥 향상된다. 공부를 잘하라고 하지 않아도 잘할 수밖에 없다. 그런데 우리나라의 교육 현실은 생각보다 심각하다. 독일인 매니저의 지적처럼 '빨리빨리 정신'이 교육 현장 한가운데에도 버젓이 자리 잡고 있는 것이 현실이다.

많은 아이들이 어려운 내용을 이해하지 못하는데도 진도는 '빨리빨리' 나갔다. 아이들이 무엇을 배웠는지도 파악하기 전에 많은 양의 공부가 주어졌다. 진도가 너무 빨라서 아이들은 이해하고 정리하기 위해 복습하는 데 필요한 시간조차 없었다. 많은 시간과 돈을 들여 영어를 열심히 공부시켜도 결과가 신통찮은 이유이기도 했다.

수학 공부도 마찬가지다. 조금만 관심을 가지고 들여다 보면 숙제도 엉터리로 한다는 걸 금방 알 수 있었다. 우리 아이들이 대충한 숙제에 '잘했다'는 의미인 빨간색 큰 동그라미를 받아오는 경우가 많았다. 그 형식적 결과에 만족하자니 마음이 심하게 흔들렸다. 아이들이 감시받는다고 느낄까봐 내가 자꾸 지적할 수도 없었다. 이런 문제를 해결하기 위하여 어떤 엄마들은 '새끼 선생님'을 써서 숙제를 봐 주게 한다는 소리도 들었다. 도저히 용납이 안 되는 이야기라고 생각되었다.

우리 아이들을 이런 식으로 학원에 보내야 하나 싶었다. 그렇다고 학원을 그만 다니게 하는 것도 해결책이 될 수 없었다. 벙어리 냉가슴 앓듯이 괴로웠다. 마침내 학원에 가서 나의 고민을 털어놓고 상담을 받았다. 원장님은 나를 이해해 주면서 학원 측 고충도 말했다.

"이렇게 진도가 빠르다거나 어려운 것을 배운다고 찾아오시는 분은 없으세요. 많은 엄마들은 숙제가 적다거나 진도가 느리다고 항의하세요. 아니면 그런 이유로 학원을 그만두시기도 한답니다."

생각해보니 그럴 수 있겠다 싶어 할 말을 잊고 문을 나섰다. 그러고 보니 나 자신도 진도를 빨리 뺄 수 있다고 해서 쫓아간 학원도 있었다. 학원 정보를 쫙 꿰고 있는 작은아이의 친구 엄마가 좋은 수학학원을 소개해 주겠다고 해서 따라 나섰던 것이다. 월요일에서 금요일까지 주5일 수업으로 《수학의 정석: 수학(상)》을 여름방학 안에 끝낸다는 말에 솔깃해서 방학 동안에 아이들을 보내기로 했다. 수학을 빨리 시켜보고 싶어서였고, 방학을 온통 수학에 투자하면 된다고 하니 좋기도 해서였다.

그러나 작은아이가 이제 중학교 1학년이라는 걸 잊고 있었던 것이다. 작은아이의 성격이 느긋하고 욕심이 없다는 것도 전혀 고려하지 않은 결정이었다. 지금 생각하면 엄청 우습고 부끄러운 일이다. 어쩌다 그런 황당한 짓을 했는지도 모르겠다. 다 내 욕심 때문이었다고 생각한다.

방학이 끝나고 작은아이가 중간고사를 치렀다. 준비를 했는데도 차마 말할 수 없을 정도의 성적이 나왔다. 이에 비해 함께 다녔던 친구의 성적은 잘 나왔다. 친구 엄마는 왜 학원만 믿고 있었느냐면서 자기 아이는 과외도 같이 시켰다고 한다. “다들 그렇게 해요”라며 학원가 분위기를 전해 주었다.

답답함을 넘어서 슬픔이 밀려왔다. 작은아이에게 수학학원을 당장 그만두게 했다. 학원 하나도 다니기 힘든데 2개나 다니게 하는 건 무리라고 생각했기 때문이다. 시간도 돈도 다 허비해 버린 후에 내린 결정이었다. 학원에서 많은 수업 양 때문에 작은아이에게 탈이 났던 것 같다. 배운 걸 이해하고 정리한다는 것은 꿈도 못 꿨으니 당연했는지도 모른다. 작은아이는 방학 내내 허덕였다. 진도를 맞추기 위해 답을 보면서 문제를 풀기까지 하면서 다녀야 했다. 결국 선생님만 수학책을 끝낸 셈이 됐다. 작은아이는 방학 내내 고생하면서 잘못된 습관만 배운 꼴이 됐던 것이다.

배워서 지식을 얻기까지는 거쳐야 할 과정이 있다. 공부하는 것과 음식 먹는 것을 비교해보면 쉽게 이해할 수 있을 것 같다. 음식은 배가 고파서 먹기도 하지만, 단백질이나 칼슘 같은 부족한 영양분을 보충하기 위해 먹는 경우도 있다. 이처럼 몸에 필요한 영양분을 보충하려고 비싼 쇠고기를 사 먹였어도 소화를 못 시키고 탈이 나 영양분을 흡수할 새도 없이 몸에서 다 빠져나가 버린다면 무슨 소용이 있단 말인가. 공부하는 것도 크게 다르지 않다고 생각한다.

공부도 음식과 같은 3단계 과정을 거친다. 1단계는 먹은 음식이 위장으로 가는 과정, 즉 정보(습득한 지식)를 받아들여 인식하고 기억하는 단계다. 이때에는 공부한 게 머리 앞쪽에 있는 전두엽에 전달된다. 전두엽은 인간의 기억력과 사고력을 주관하며, 정보를 조정하고 행동을 조절하는 기관이다. 2단계는 위에서 음식물이 소화되는 과정, 즉 전두엽에 저장된 정보가 이해되고 정리되고 추론·분석되는 단계다. 3단계는 소화된 음식물이 영양분이 되어 각 기관으로 보내져 기능하는 과정, 즉 이해된 정보를 자신의 것으로 만드는 창의적 사고 과정이다.

사실 많은 아이들이 미친 듯이 학원에 다닌다. 하지만 학원에서 배운 것을 받아들일 시간조차 없다. 새로운 정보는 계속 들어오는데다, 받아들이기가 너무 어렵기 때문이다. 요즘 아이들이 배우는 것들을 보면 입이 쩍 벌어질 정도로 어려운 수준이다. 음식도 어른의 음식과 아이의 음식이 나눠지지 않는가. 아이들이 배우는 것을 보면 아이가 도저히 소화할 수 없는 것들뿐이다. 아이들이 어렵다고 하거나 진도를 따라가지 못하는 것은 당연함에도 어른들은 이런 아이들이 '머리가 나쁘다'고 치부해 버린다. 내가 보기에 오히려 소수의 따라가는 아이들이 신기할 따름이다. 하지만 그 아이들조차 집에서 별도의 과외 수업을 통해 소화시키고 있다.

작은아이는 수학 방학 특강을 끝으로 그 학원에 다니지 않았다. 공부의 3단계를 거칠 수 없는 학원이기에 굳이 다닐 필요가 없었기 때문이다. 작은아이가 스스로 할 수 있도록 도와주는 학원, 제대로 소화시키지 못하는 원인을 찾아내줄 수 있는 선생님이 필요했던 것이다.

영어를 가르치면서 우리 아이들의 가능성을 보았다. 사실 나도 '가능할까?' 하는 걱정을 하면서 조심스럽게 시작했다. 이론적으로 외국어를 배우기 좋은 나이는 7~12세다. 나는 큰아이가 7세였을 때 영어유치원에 다니지 않았던 친구들 몇 명을 모아서 영어 수업을 하게 됐다. 파닉스Phonics(영어 단어의 소리와 발음)를 가르치면서 두서너 줄로 된 간단한 문장들을 읽게 했다. 아이들은 파닉스책에 나오는 단어를 반복해 읽으면서 파닉스의 규칙을 자연스레 터득했다. 어느 날 아이들은 놀면서 'hop깡총깡총 뛰다', 'mop대걸레로 닦다', 'pop펑 소리를 내다' 같은 단어들을 소리 나는 대로 노트에 쓰고 있었다. 아이들이 영어를 습득하는 과정이 정말 신기했다.

아이들은 아직 쓰는 것을 따로 배우지 않았는 데도 곧잘 해냈다. 한 단계 높여 조금 어려운 단어를 외우게 하면서 단어가 들어간 문장을 기억하도록 이끌어 보았다. 또 두세 줄로 된 문장은 CD를 따라 여러 번 읽으면서 거의 외우게 했다. 아이들은 5~10번 정도 읽으면서 두 세 개 문장을 외웠다. 못 외우는 것은 조금 도와주면 금방 기억해냈다. 이렇게 서너 달 공부하자 아이들은 문장으로 간단한 표현을 했다. 아이들은 항상 내가 기대했던 것보다 더 많은 것을 해냈다.

양을 점점 늘려가면서 문장을 만드는 식으로 간단한 문법도 가르쳤다. 아이들의 실력이 날마다 나아지니, 아이들도 정말 신이 나 있었다. 아이들은 머리가 '좋고, 나쁘고' 없이 거의 같은 실력을 갖추면서 성장해 나갔다. 이렇듯 아이들이 '잘하고, 못하고'는 머리가 아니라 어떻게 배우느냐에 따라 달라질 수 있었던 것 같다.

나는 주로 숙제를 통해 복습을 하도록 이끌었다. 배운 것을 얼마나 잘 기억해 내는지가 기초 단계에서는 중요했기 때문이다. 물론 개인별 능력에 따라 조금씩 차이는 있었지만, 능력의 차이는 노력으로 극복할 수 있었다. 부족한 아이들은 몇 번 더 반복하고 암기하도록 유도하면 곧잘 기억해 내곤 했다.

이렇게 한동안 하다 보니 쉬운 문장들이 쌓이면서 간단한 문장으로 자기를 표현할 수 있게 되었다. 1년 정도 배운 후 그 당시에 생긴 유명한 영어학원에 보내기로 했다. 학원에서 레벨 테스트를 받은 아이들이나 엄마들은 그 결과에 대만족했다. 웬만한 영어유치원에 다닌 것보다 훨씬 나았다는 평가를 받을 정도였다.

책읽기 등 다른 모든 것도 마찬가지였다. 1단계에서 잘 배우는 것이 중요했다. 얼마나 기억하고 인지하느냐에 따라 2단계에서 실력이 확실히 달라졌다. 아이들에게 책을 읽힐 때 같은 책을 여러 번 읽어줬다. 아이들은 재미있는 책을 거의 매일 보고 싶어하기도 했다. 아이들에게 책을 골라줄 때도 이미 읽은 책을 많이 권했다. 새 책은 몇 권 정도만 넣어주었다. 이미 읽은 책 또한 그림도 글도 외울 정도로 반복해 볼 수 있도록 유도했다.

때로는 같은 책을 여러 번 읽다 보니 우리 아이들이 책 속의 세계에 있기도 했다. 아이들은 자기만의 이야기를 유사하게 꾸며내면서 창의성을 발휘해냈다. 아는 것을 응용해 새로운 이야기를 만들어 내기도 했다. 이런 습관이 책 속의 어휘들을 자기 것으로 만들게 했다. 이처럼 정보로 지식을 쌓고, 그 지식으로 지혜를 얻어가는 아이들을 보면서 무척 행복했던 적이 있다.

옛 속담에 "세살 버릇이 여든까지 간다"고 했다. 우리 아이들은 고등학생 때도 설명만 듣는 강의를 견디지 못했다. 두 아이 모두 대학에 갈 때까지 '강남 1타 강사'의 대형 강의를 들어본 적이 없었다. 줄서서 등록해 보지도 않았다. 자리를 잡으려고 엄마가 나가서 줄을 서 본 적도 없었다. 아이들은 자기의 질문에 답해주는 선생님만 있으면 그것으로 만족했다.

아이들이 1단계에서 소화불량에 걸리지 않도록 엄마가 세심하게 관심을 가져 주어야 한다. 1단계를 잘 보내면 어느 순간에 '빵'하고 터지면서 아이들의 실력이 쑥 성장한다. 아이들은 단계를 차례차례 밟으면서 자기도 모르게 지식을 차곡차곡 쌓아가며 단단하게 자라준다. 엄마의 욕심이나 지나친 애정이 아이들이 밟는 단계를 추월

하거나 우회하지 않도록 주의하면 된다.

1. 교육에서 '빨리빨리'는 아이를 망치게 할 수 있다.
2. 시간에 쫓기지 말고 아이의 기본을 갖춰주는 데 충실하자.
3. 아이의 수준에 맞도록 난이도와 속도를 조절하자.
4. 아이가 배운 것을 자기 것으로 만들면 성적은 오른다.

— 제 2 부 —

엄마의 선택과 집중

정확한 판단으로 교육의 중심을 잡아주자

우리 아이들의 학년이 올라가면서 가슴이 답답해지는 경우도 많아졌다. 소위 '반 모임'이나 '엄마들 모임'에 가면 학원들 이야기로 가슴이 울렁거리기까지 했다. 엄마들이 많이 찾는 학원들, 그중 이른바 '뜨는 학원'들에 관한 이야기를 듣고 있으면 중심을 잡기가 힘들었다. 그럼에도 난 우리 아이들에게 학업에 따른 스트레스를 주지 않겠다고 마음을 굳게 먹었던 터다. 또 학원 설명회에 가자는 유혹도 뿌리치고, 그 많은 학원들에 기웃거리지도 않으려고 노력했다.

일반적으로 학원에서는 다수의 학생들을 몰아넣은 채 선생님이 일방적으로 설명하면서 수업하는 방식으로 가르쳤다. 그 과정에서 우리 아이들이 무엇을 배울 수 있을지 의문이 들기도 했다. 물론 이러다 아이들이 뒤처지면 어쩌나 싶기도 했다. 하지만 다들 수학학원에 보내야 한다고 하니 마음이 흔들리기도 했다.

내가 공부할 때나 지금이나 수학공부의 범위는 거의 비슷한 것 같았고, 《수학의 정석》으로 공부하는 것도 똑같았다. '아니, 도대체 뭐가 달라졌기에 부모들이 중3 때나 봤던 책을 초등학생이 미리부터 공부해야 하는 거야?'라는 생각마저 들었다. 그런데도 엄마들은 수학을 일찍부터 시키지 않으면 무슨 일이 일어날 것처럼 야단법석이었다. 아이들이 수학공부를 할 준비가 되어있는지, 수학 숙제를 잘해낼 수 있을지에 대해서는 아예 관심이 없어 보였다.

큰아이가 초등학교 4학년일 때 반 모임에 나갔더니 엄마들이 또 학원 이야기를 했다. 영어·수학학원을 1곳씩 다니는 것은 기본이고, 심지어 수학 과목 하나만 공부하는 데도 학원을 3곳이나 다니는 아이들도 있었다. 어떤 엄마는 아이에게 지금 중학교 수학을 시키고 있다면서, 초등학교 6학년이 되면 고등학교 수학을 시킬 거라고 자랑삼아 얘기했다. 그때까지도 큰아이는 수학학원을 한번도 다닌 적이 없었다.

집으로 돌아오는데 가슴이 답답하면서 우리 아이들이 굉장히 뒤처졌다는 생각마저 들었다. 당장이라도 수학학원에 보내야 하나 싶어서 학원에 전화를 하기도 했다. 들어 보니 수학 진도가 맞지 않아 큰아이가 마땅히 다닐 만한 데도 없었다. 주로 선행학습을 한다면서 경시대회 성과에 관한 이야기를 해댈 뿐이었다. 급한 마음에 어떻게든 수학학원에 보내려고 시간표를 맞춰 보기로 했다.

그런데 수학학원까지 보내게 되면 큰아이는 일주일에 네 번이나 학원에 가야 했다. 큰아이가 과연 해낼 수 있을까 싶었다. 배운다는 것 자체보다 '배운 것을 내 것으로 만드는 게' 더 중요하다고 생각해서였다. 사실 숙제할 시간이 없다는 것은 '배운 것을 내 것으로 만들 시간이 없음'을 의미하는 게 아니던가.

정신이 번쩍 났다. 큰아이는 당시에 영어학원 하나도 겨우 다니면서 숙제 때문에 낑낑거리고 있었다. 다른 아이들은 숙제를 하면서 수학학원에 다닐 능력이 있었겠지만, 큰아이는 과연 그렇게 할 수 있을까 하는 걱정이 앞섰다.

"수학을 할 수 있는 논리적 사고는 5학년 때쯤부터 생긴다."

어느 신문의 칼럼에서 읽었던 글이다. 이 글이 나를 지지해주는 유일한 버팀목이었다. 나는 원래 우리 아이들이 언어영역을 탄탄하게 공부하는 것이 먼저라고 생각했다. 언어영역의 폭을 넓혀 아이들의 이해력과 사고력을 키운 후에야 수학공부를 시키려고 했다.

외국어는 공부가 아니라 생활에서 습득해야 한다는 생각에, 영어에 일찍 노출시키려고 영어학원에 보냈던 것이다. 수학과 영어를 동시에 못할 것 같으면 영어를 먼저 하는 것이 좋겠다 싶었다. 또 둘 중 하나만이라도 먼저 실력을 제대로 갖추게 되면 새로운 것을 시작할 때 스트레스를 덜 받겠다 싶었다. 이런 이유로 우리 아이들은 초등학교 5학년이 되어서야 수학학원에 보내게 되었다.

큰아이는 계획대로 초등학교 5학년 때부터 두 번 가던 영어학원을 한 번으로 줄이고 수학공부를 시작했다. 그런데도 놀 시간도 없고 책을 읽을 시간마저 부족해 쩔쩔맸고, 또래 아이들의 진도를 따라잡기조차 버거워했다. 내가 수학을 너무 우습게 여겼나 싶어 큰아이에게 미안하기까지 했다. 나는 다른 아이들은 도대체 어떻게 시간을 내서 수학공부를 하고 진도를 따라가는지 궁금했다.

대치동에 사는 친구에게 전화했다. 수학을 잘하는 그 집 아이가 언제부터 수학공부를 했는지 물었더니 돌아온 대답이었다.

"너네 아이들이 놀이터에서 뛰어놀 때부터…."

나는 할 말을 잃었다. 또 친구 아이는 하루에 얼마나 노느냐고 물었다. 방학 중에는 혼자 나가서 30분 동안 농구하고 들어오는 게 전부라고 했다. 나는 화가 나서 친구에게 소리를 '버럭' 질렀다.

"겨우 30분 농구하는 게 노는 거니?"

주변에는 자신도 할 수 없는 걸 아이들에게 요구하는 엄마들이 있었다. 그러다 보니 아이들이 다람쥐 쳇바퀴 돌 듯 학교에서 학원으로 갔고, 학원에서 또 다른 학원으로 옮겨 다녔다. 어쩌다 겨우 숙제할 시간을 얻을 수 있으면 다행이었다.

도저히 이해할 수 없어 그럼, "아이들이 언제 쉬냐"고 물으면 엄마들은 "학교에서 쉬고, 학원에 갔다 오면서 놀아요"라고 했다. 모두가 이렇게 다 하는데 "당신네 아이들은 왜 못하냐"고 되묻기도 했다. 이런 '지옥 같은' 스케줄을 그 엄마들한테 따르라고 하면 과연 따를 수 있을까?

나는 우리 아이들을 그렇게 키우고 싶지 않아서 계속 버티기로 했다. 아이들이 친구들과 뛰어 놀기도 하고 하늘도 쳐다보면서 살기를 원했다. 수학 진도가 조금 늦더라도 아이들이 행복하면 그만이라고 생각했다. 그러니 천천히 하던 대로 하자면서 가까스로 마음을 잡을 수 있었던 것 같다.

당시 큰아이는 겨우 초등학교 5학년이었다. 게다가 큰아이는 다른 아이들보다 한 살 일찍 학교에 들어간 터라 나는 더 조심스러웠다. 아무리 좋은 학원인들 아이가 따라가지 못하면 무슨 소용이 있단 말인가? 아무리 좋은 선생님이 가르친다한들 아이가 소화를 못하면 아무 소용도 없는 게 아니던가.

초등학생이 쉬지도 않고 공부하는 것이 장기적으로는 어려운 일이라고 생각했다. 안타까워 쩔쩔매는 나를 보고 사람들은 "큰아이는 잘하고 있는데 엄마가 괜한 걱정을 하네요"라며 핀잔을 주었다. 하는 수 없이 나름 최선을 다하고 있는 큰아이를 믿기로 했다. 아니, 그저 지켜보는 것 말고는 어떻게 할 도리가 없었다.

어느 날 큰아이가 같은 반 친구를 집에 데려왔다. 그 친구는 모든 면에서 흠잡을 데 없는 아이였다. 어른에게는 예의 바르게 행동하고, 친구들하고도 잘 어울렸다. 공부도 잘하고 리더십도 있어서 많은 엄마들이 그 아이 엄마를 부러워했다. 그 아이의 엄마는 소위 '커리어우먼'이었다.

얼마 있다가 그 아이의 엄마로부터 "커피 한잔 마시자"며 전화가 걸려 왔다. 그 엄마는 한눈에 봐도 자신감이 넘쳐 보였고, 아이를 잘 키우겠다는 강한 의지도 내비쳤다. 자신이 바빠서 아이 관리를 잘 못해 줬다는 등 안타까움도 표시했다.

얼마 후 그 엄마는 회사를 그만두었다고 연락해왔다. 아이한테 신경을 좀 더 쓰고 싶어서라고 했다. 벌써 모든 학원 설명회를 한 바퀴 돌았는지 많은 학원들의 선생님들을 분석하여 브리핑까지 해 줄 정도였다.

얼마나 지났을까, 큰아이를 통해 그 아이의 소식을 듣게 되었다. 수학올림피아드를 준비한다며 일주일 내내 수학학원에 다닌다고 했다. 큰아이는 그 아이를 몹시 부러워하는 듯했다. 그런데 한 달 후쯤 이상한 소리가 들려왔다. 등교시간에 그 아이가 죽겠다고 소리치며 집에서 뛰쳐 나와 소동을 벌였다는 것이다. 그 바람에 경찰차와 119 구급차가 달려왔다는 얘기까지 들을 수 있었다.

큰아이는 학교 갔다 오더니 그 아이가 전학 갔는지 학교에 계속 나오지 않는다고 했다. 한동안 그 아이의 엄마도 보지 못했다. 그런데 큰아이가 중학생이 되었을 때, 그러니까 무려 1년 반만에 그 아이가 다시 나타났다. 그 아이는 예전과는 달라 보였다. 중학교에 입학한 지 얼마 안 될 무렵이었다. 선배한테 대들다가 뺨을 맞았다는 이야기가 들려왔다.

무엇이 그 아이를 이렇게 만들었을까? 너무 빨리 가려고 한 게 문제가 아니었나 싶다. 조금만 천천히 갔으면 좋지 않았을까? 문제가 항상 '착한 아이'에게 생기는 듯했다. 싫다고 말도 못하고 참다가 결국 터지고 마는 경우가 대부분이었다.

많은 부모들은 아이들을 사랑한다는 이유로 많은 것을 해주고 싶어 한다. 그런데 교육과 관련해서 만큼은 아이들이 원하는 것에 대해서 완전 뒷전이다. 아이들이 아무것도 모르기 때문에 부모들이 결정하면 된다고 생각하는 것 같다.

이런 문제로 힘들어했던 아이가 또 있다. 그 아이는 학습 능력이 많이 떨어져 엄마가 너무 힘들어 했다. 우연히 길에서 그 아이를 만났고, 반갑게 아는 척했다. 그 아이는 피아노 학원에서 집으로 가던 중이었는데 나를 보더니 몸부림 치면서 집에 가기 싫다고 했다. 집에 가면 바이올린 선생님이 기다리고 있어서라고 했다.

“갑자기 웬 바이올린이야?”며 내가 물었다.

“아빠가 내가 바이올린 했으면 좋겠다고 하셔서요.”

그 아이는 신경질적으로 대답했다. 남의 집 일이라 뭐라 말할 수 없었지만, 그 아이가 너무 불쌍해 보였다. 아빠가 원해서 바이올린을 하고, 엄마가 고집해서 피아노를 배우면 아이는 어쩌나 싶었다. 투덜거리며 가는 그 아이의 뒤통수를 보고 있자니 마음이 짠했다.

또 아이가 아무리 힘들다고 해도 “괜찮다”고 말하는 엄마들도 있었다.

“애들이 바쁜가 봐요? 학원 수업 받고 또 다른 학원 수업 가기 힘들다던데요.”

내가 이렇게 물을 때마다 그 엄마들의 답변은 한결같았다.

“수업시간 얼마 안 돼요.”

“어휴, 지가 뭐 한 게 있다고…. 집에서는 아무것도 안 해요.”

'당신네 아이들은 그것도 못하느냐'는 투였다. 이런 엄마들의 아이들 중 대부분은 공부를 해도 끝까지 하지 못했다. 길어야 중학교 1학년 때까지였다. 너무 일찍 체력소모로 허사가 되는 경우가 많았다.

이에 반해 '아이들은 놀아야 한다'고 주장하는 '소신 있는' 엄마들도 있었다. 이런 엄마들은 "우리 아이들은 아무것도 안 해요"라고 자랑스럽게 이야기하기도 했다. 나 또한 박수를 보내고 싶었다. 학원에 가서 시간만 죽이는 것보다 차라리 노는 것이 낫다고 생각했기 때문이다. 이런 경우 또한 아이가 중고생이 되면 어느새 그 엄마의 소신도 실종되고 말았다. 그러다가 공부를 못한다며 아이를 혼내고 야단치면서 자신도 울고 있는 경우를 많이 봤다.

위 사례중 어느 엄마가 '맞다/틀리다'라고는 못하겠다. 다만 일관성이 있었으면 좋겠다는 말로 대신하겠다. 대부분의 엄마들은 사랑하는 아이들을 잘 키우려고 나름 최선의 노력을 다 하는 경향이 있다. 하지만 아이들이 어려도 자기의 생각과 원하는 게 있다는 사실을 모르는 척하는 것 같다.

아이들마다 자신만의 역량이 있다는 사실을 무시한다. 아이들이 빨리 배울 수도 있고 늦게 배울 수도 있는데, 이런 점들은 전혀 고려하지 않는 것 같다. 항상 '친구 따라 강남 가려고' 하는 식이다. 아이들을 교육할 때에는 그러지 않았으면 한다. 자신의 아이들에게 맞는 교육을 해야 한다. 엄마들이 중심을 잡고 아이들을 지켜주어야 한다. 우리에게 정말 소중한 아이들이 잘 자라기를 바란다면 아이들을 있는 그대로 봐주면 된다. 엄마들의 절제된 사랑과 기다려

주는 인내심이 절실히 필요한 이유다.

학원들은 엄마들이 '혹하는' 프로그램을 점점 더 잘 만든다. 엄마들이 아이들에게 좋은 교육의 기회를 주고 싶어 한다는 것을 잘 안다. 인맥 등 정보력이 부족한 엄마들은 행여나 자기 아이가 '뒤떨어질까봐' 조바심을 내기도 한다. 혹은 '저 학원에 보내면 좀 더 나아지지 않을까?' 하는 기대감을 갖기도 한다. 학원들은 이런 엄마들의 심리를 노리는 것이다. 분명한 것은 학원도 지름길은 아니라는 점이다.

이집트 왕 프톨레마이오스 1세가 그리스의 위대한 수학자 유클리드에게 "수학을 쉽고 빠르게 배울 수 없겠는가?"라고 질문했다고 한다. 그러자 유클리드가 "폐하, 수학에는 왕을 위한 지름길이란 없습니다"라고 대답했다는 일화는 유명하다. 아이들 교육에도 역시 지름길은 없다. 그저 묵묵히 가던 길을 가다 보면 종착역이 보일 것이다. 다만 자신의 목적지를 모르는 사람마냥 이리저리 다니며 시간 낭비를 하지는 말았으면 한다.

Tips

1. 아이의 공부 스타일과 학업 의지를 확인하고서 학업 계획을 짜자.
2. 아이가 실천할 수 있는 장기 계획을 세우고, 꾸준히 성취해가자.
3. 배운 것을 자기 것으로 만들 시간을 주자.
4. 일주일에 2일 정도는 학원 가기를 쉬게 하자.

행복하게 사는 법을 깨닫게 해준 캐나다 단기 유학

조기유학에 대한 평가는 긍정적이기도 하고 부정적이기도 하다. 실제로 단기 조기유학이 큰 도움이 되었다는 사람은 많지 않다. 막연히 영어를 배워야겠다고 유학을 가는 것은 시간과 돈을 낭비하는 것일 뿐이다. 특히 중고생 때 영어라도 배우라고 외국에 보낸다면 성공할 가능성은 더욱 낮다.

단기 조기유학으로 효과를 본 대부분의 아이들은 우리나라에서 영어 실력을 어느 정도 갖추고 간 아이들이다. 유학을 떠나기 전에 준비를 철저히 했으니까 많은 걸 얻을 수 있었던 것이다. 이런 아이들은 유학을 통해 자신의 영어 실력을 고급화시킬 수 있다. 뿐만 아니라 다양한 사람들을 만나면서 새로운 문화를 배울 수도 있으며, 세계화에 발맞추어 글로벌 인재로 성장할 가능성도 있다. 또한 열린 교육을 받으면서 자신의 개성을 살려 적성을 찾을 가능성도 높다.

큰아이가 초등학교 5학년이 되니 영어학원에서는 고학년이라며 저녁 7시부터 밤 10시까지 수업을 시켰다. 나는 아이들이 밤에 다니는 것을 끔찍이 싫어했다. 큰아이가 밤 11시가 다 돼서 집에 돌아왔다. 서둘러 자도록 했지만 큰아이는 놀고 싶어서 잘 생각을 전혀 하지 않았다. 그저 영어에 노출시키겠다는 욕심 때문에 늦게까지 학원에 보낸 결과였던 것 같다.

이뿐만이 아니었다. 영어학원에서 너무 어려운 내용을 가르쳐 큰아이는 숙제를 제대로 하기도 힘들어했다. 게다가 초등학교 5학년 때부터 수학공부를 잘 시켜야 한다고 해서 수학학원에 보내고 있었던 터다. 그러다 보니 책 읽을 시간도 쉴 시간도 없을 정도로 바빠졌던 것이다.

큰아이뿐만 아니라 작은아이도 방과 후 겨우 30분에서 1시간 정도 운동장에 나가 축구를 할 수밖에 없었다. 이렇게라도 학원 스케줄에 따라가면서 적응해 주는 우리 아이들이 대견할 따름이었다.

큰아이가 중학생이 되고 작은아이가 초등학교 3학년이 되면서 둘 다 오후 10시가 넘어서야 집에 왔다. 잠시 간식 먹고 조금 놀다가 숙제하러 각자 방으로 들어가곤 했다. 고등학생도 아닌데, '뻑' 하면 자정이 넘어서 자곤 했다. 가슴이 답답해졌다.

갈수록 같은 학년의 아이들에 비해 체력 면에서 차이가 많이 나서 큰아이를 조기 입학시킨 내가 참 어리석었다는 생각마저 들었다. 솔직히 요즘 아이들이 이렇게 많은 걸 해야 하는지도 몰랐다. 내 기억에는 초등학생 시절에 학교 다니는 것 말고는 특별히 한 게 없었던 것 같다. 생각이 여기까지 미치자 문득 '우리 애들이 이렇게 살아서 무엇이 될까?' 하는 심한 회의감마저 들었다.

리처드 바크의 소설 《갈매기의 꿈》에서 '갈매기'인 조나단 리빙스턴이 던진 말이 생각났다.

"가장 높이 나는 새가 가장 멀리 본다."

작가는 '눈앞의 현실에만 매여있지 말고 자유롭게 날아보며 꿈과 이상을 가져라'는 메시지를 던져 주고 있다.

우리 아이들의 하루는 다람쥐 쳇바퀴 돌듯이 '학교-집-학원- 숙제'를 하다보면 금방 지나갔다. 과연 이렇게 눈앞의 현실에 쫓기며 살게 해야 하는지를 매일 나 스스로에게 물었다. 항상 내린 결론은 '이건 아니야!'였다. 그럼에도 어쩔 수 없이 아이들을 계속 학원에 보낼 수밖에 없었다. 언제 끝날지 모르는 지긋지긋한 이 사이클에는 희망이 없어 보였다. 아이들과 함께 자유롭게 생활하면서 꿈도 갖고 싶었다. 아이들에게 '큰 이상을 가져보라'고 말하고 싶었다. 큰아이에게서 뺏어버린 시간을 다시 돌려주고 싶기도 했다.

고민 끝에 아이들과 함께 어딘가로 떠나기로 결심했다. 아이들을 데리고 단기 조기유학을 가겠다고 했을 때 주변 사람들은 영어공부 때문인 줄 알고 나를 말렸다. 단기로 유학 가봤자 영어가 많이 늘지 않는다는 것이 대체적인 반대 이유였다.

남편도 처음에는 펄펄 뛰었다. 외벌이 아빠이다 보니 경제적으로 부담스럽기도 하고, 혼자 남는 것도 두려웠던 것 같다. 가끔 뉴스에 나오는 기러기 아빠들처럼 되고 싶지 않았던 것이다.

대학생 자식을 어학연수 보내기 위해서 가사도우미를 하는 어느 어머니의 '웃픈' 이야기를 남편에게 들려주기도 했다. 대학생 때 어학연수는 비용이 훨씬 많이 들고 효과는 적다는 말로 설득해 보기도 했다. 나는 우리나라에서 쓰는 생활비로 살고 올 거라고 약속했다. 학원 안 보내고 집만 잘 구하면 가능하다고 남편을 적극 설득했다. 초기 자본만 대주면, 검소하게 살면서 딱 1년만 있다 오겠다고 손가락을 걸기도 했다. 큰아이를 7살에 학교 보낸 데 대한 미안한 마음을 씻고 싶다고도 했다.

사실 큰아이는 초등학교에 입학한 뒤 자주 아팠다. 찬바람이 불면 감기를 달고 살 정도였다. 꽤 오랫동안 잔병치레를 해서 나도 큰아이도 많이 힘들었다. 남들이 보기에 건강해 보이는 큰아이를 괜히 내가 과잉보호한다고 생각했겠지만, 속사정은 그렇지 않았다. 큰아이가 그토록 고생했기에 1년간 휴가를 주고 싶은 거라고 말했더니 남편도 고개를 끄덕였다. 큰아이가 중학생이라 더 늦으면 못 간다고 으름장을 놓으면서 남편의 결정을 재촉했다. 그때가 2009년 6월 초였다.

남편은 일주일 동안 고민하더니 가능하다면 캐나다로 가라고 말했다. 간 김에 2년 있다 오라고 했다. 남편도 여기저기에 물었더니 2년은 있어야 효과를 볼 수 있다는 얘기를 들었던 것 같다. 우리는

1년 6개월로 타협을 보았다. 남편은 이민 갈 수 있는지도 알아보라고 했다. 그때는 나 또한 '이렇게는 살고 싶지 않다'는 생각에 이민이라도 가고 싶었던 것도 사실이다.

6월에 결정해서 캐나다 교육청의 입학허가를 받기가 힘들지 않을까 걱정했다. 하지만 때마침 캐나다 달러의 가치가 많이 올라서 캐나다로 유학을 떠나는 사람들이 많지 않았다. 이런 이유로 우리는 캐나다 학교에 간신히 자리를 얻어 바로 떠날 수 있었다. 남아 있는 남편에게는 미안했지만 우리는 신이 났다. 우리나라 교육 현실로부터 탈출할 수 있었다. 마침내 2009년 9월 1일 캐나다행 비행기를 타고 긴 휴가를 떠났다.

캐나다에 도착한 후 몇 주간 이상한 느낌이 들었다. 큰아이와 작은아이 둘 다 학교 끝나고 집으로 와서 빈둥거리며 노는 것을 보니까 생소해 보였던 것이다. 사실 우리나라에 있을 때에는 아이들 둘이 한꺼번에 집에 있기가 쉽지 않았다. 아이들이 집에 오면 다 못한 숙제를 한 뒤 학원에 가기도 빠듯했다. 그런데 캐나다에서는 학원을 가지 않으니 시간이 남아 돌았다. 아이들끼리 체스도 하고 영화도 보면서 노는 모습을 오랜만에 볼 수 있었다. 여행이나 가야 볼 수 있었던 모습이다. 또 캐나다에서의 '휴가'는 처음에는 어색함까지 느껴졌다. 갑자기 시간이 너무 많아지다 보니 어떻게 써야 할지도 몰랐다. 그러다가 우리는 서서히 적응해 갔다. 아이들도 하고 싶은 일과 해야 할 일을 찾아가기 시작했던 것이다.

우리가 살았던 캐나다의 '피스아치Peace Arch'라는 지역은 아름다운 바닷가 마을이었다. 쉬는 날에는 책을 읽다가 바닷가로 걸어가서 피시앤칩스fish & chips를 먹은 뒤 산책하고 놀았다. 이곳저곳을 돌아다니며 구경도 하고, 매일 축구도 하고, 도서관에도 갔다.

한번은 동네에서 축구를 하는데 주변 사람들이 신고를 해 아주 난처해진 적도 있었다. 사람들이 집 앞 도롯가에 차를 세워 두었는데, 아이들이 찬 공이 차 위로 올라가곤 했기 때문이다. 게다가 아이들은 신이 나서 큰 소리도 지르면서 뛰어다녔던 것이다. 하는 수 없이 나는 "우리 가족 모두 쫓겨나게 생겼으니 동네에서는 공을 차지 말라"고 아이들에게 명령하기에 이르렀다. 큰아이가 대뜸 나에게 항변했다.

"엄마, 이렇게 도로도 넓고 차도 안 다니는데 공을 차지 말라니요! 고문이에요!"

우리 아이들이 이렇게 뛸 수 있는 공간이 얼마나 그리웠으면 그럴까도 싶었다. 우리나라에서는 꿈도 꿀 수 없는 일이었으니까 말이다. 다행히 우리는 집 근처 운동장을 찾아낼 수 있었고, 거기서 거의 매일 축구를 했다. 또 도서관에서 좋은 프로그램들도 찾을 수 있었다. 도서관에서 무료로 하는 프로그램들 중 체스교실과 독서교실에 참가하기 시작했다.

일주일에 한 번씩 열리는 체스교실은 인종과 국적, 나이와 성별 불문하고 다양한 사람들이 돌아가면서 체스를 즐기는 식이었다. 초급 레벨만 지도해 주고 그 이상 레벨은 자유롭게 체스를 두게 했다. 우리 아이들은 한국에 돌아올 때까지 체스교실에 매주 갔다. 다양한 사람들과 자꾸 만나다 보니 인종 차이를 넘어서 친구가 되었고, 서로 궁금한 것에 대해 이야기도 나누었다. 간혹 큰아이와 작은아이는 자신들이 한국의 대표가 된 것처럼 체스대회에 참가하기도 했다. 또한 마치 외교관인 것처럼 한국에 대해 소개하기도 했다.

캐나다에서도 우리나라에서 유학온 또래 아이들은 방과 후 학원에 갔다. 우리 아이들도 그러려고 했다면 굳이 캐나다까지 갈 필요가 없었다. 물론 혼자 남기고 온 남편이 아른거려서 그냥 놀 수만도 없었기에 우리나라에서는 할 수 없는 것들을 해보기로 했다. 아이들은 학교에서 돌아오면 간식을 먹고 도서관으로 갔다. 가는 길에 운동장에서 조금 놀고 도서관에 도착했다. 도서관을 돌아다니면서 책을 고르고 지루할 때까지 읽었다.

시간이 흐르면서 우리 아이들은 캐나다 생활에 적응해 갔다. 학교에서 친구들이 생기자 방과 후에는 학교 놀이터에서 한참 놀다 왔다. 놀이터에서 노는 것으로 부족하면 아이들은 이 집 저 집을 다니면서 놀기도 하고, '파자마 파티'를 하기도 했다. 파자마 파티는 친구 집에 가서 밤새면서 노는 것을 말한다. 때론 수영도 하고, 스케이트를 타러 다니기도 했다. 하지만 어김없이 오후 5시 이후에는 저녁 먹고 숙제를 했다. 간단한 영어 문법 등도 따로 조금씩 공부했다.

큰아이는 고학년이라 학교에서 충분히 배워 영어를 따로 가르칠 필요가 없었다. 하지만 작은아이는 학년이 낮아 학교에서 특별히 배운 게 없기에 따로 책을 사서 영어공부를 시켰다. 큰아이는 인터넷강의를 보면서 수학공부를 하고, 작은아이는 꾸준히 수학 문제집을 풀고 나는 체크해 주었다. 우리나라에 돌아갔을 때 충격을 줄이려는 최소한의 준비였다. 그러고 난 후 읽고 싶은 책을 읽으면서 잠잘 준비를 했다. 매일매일 놀기만 한 듯해도 하루하루를 알차게 보낼 수 있었다.

우리 아이들은 우리나라에 있을 때도 영어에 많이 노출되었기에 캐나다에 더 쉽게 적응할 수 있었다. 덕분에 ESL(유학생들이 제2의 언어로서 영어를 배우는 과정) 없이 캐나다 학교 과정에 바로 들어갈 수 있었다.

사실 외국에 나가면 영어를 배울 수 있다는 것은 착각이다. 아이들은 준비해간 만큼 얻을 수 있다. 준비 없이 갔다면 ESL을 수강해야 하는 등 많은 노력을 해야 한다. 영어를 배우러 캐나다까지 가도 단지 영어에 자연스레 노출된다는 것 뿐이다. 캐나다에서도 아는 만큼 들리고, 아는 만큼 말할 수 있는 것이다.

캐나다에 갔을 때 우리보다 1년이나 먼저 온 가족이 있었다. 엄마가 애들 3명을 데리고 왔다고 한다. 그 집에 4학년짜리가 영어를 하는 걸 보고 깜짝 놀랐다. 그나마 아이들끼리 놀 때는 말을 잘하는 것 같아도 자세히 들여다 보면 달랐다. 사용하는 단어가 한정되어 있고, 짧은 문장으로 간단히 말하는 정도가 전부였다. 아이들이 노트에 쓰면서 노는데, 단어의 철자는 다 틀리고 문장을 쓸 때도 문법이 엉망이었다. 그 아이는 캐나다인이 하는 고급 학원에도 다니며 열심히 영어를 배우고 있었는데도 말이다.

"왜 애를 이렇게 놔두지?"

그 자리에 그 아이 엄마가 있었는데 난 무의식중에 이렇게 말해 버리고 말았다. 다음 날 아침 그 엄마는 아이들을 학교에 보내자 마자 나를 찾아와 물었다.

"솔직히 정말 고민이에요. 어떻게 하면 될까요?"

그 아이는 ESL과정을 다니고 있었는데, 가기 싫어한다고 했다. 물론 그 엄마는 한국에 돌아가기 전에 아이가 ESL과정을 마칠 정도의 영어 실력이 되었으면 좋겠다고 했다. 우리나라에 있는 남편의 기대를 저버릴 수 없기 때문이라고 했다. 내가 무의식중에 했던 말 때문에 그 엄마는 밤잠을 설친 것 같아 보였다.

실제로 영어를 배우는 방법은 우리나라에서나 캐나다에서나 똑같다. 그 아이는 캐나다 학교를 다니니 읽기·듣기·말하기·쓰기는 매일 하는 것이나 다름 없었다. 그런데 아는 단어가 너무 없어서 쉬운 단어만 계속 사용했고, 기본 문법도 배우지 않아 문장으로 표현하지 못했던 것이다. 한국어 문장과 마찬가지로 영어 문장도 어떻게 구성되는지 즉, 문법을 배워야 제대로 쓸 수 있었다. 특히 접속사나 관계대명사를 이용해 문장을 복문으로 만들어 쓰는 연습도 필요했다.

이런 문제를 해결하기 위해서 나는 그 아이더러 단어를 가급적 많이 외우라고 했다. 책을 대충 보는 습관을 버리고, 정확하게 읽어야 한다는 조언도 해 주었다. 그 후 그 아이는 문법도 배우고, 단어도 외우고, 책도 꼼꼼히 읽으면서 공부해 나갔다. 그 엄마는 나보다 먼저 캐나다를 떠나면서 고맙다고 했다. 사실 내가 한 건 별로 없었다. 아이를 키우는 엄마로서 '어떻게 하는 게 아이에게 좋을까?' 생각하는 마음만은 같기에 할 수 있는 한 최선을 다해서 도와주었을 뿐이다.

캐나다의 학제는 우리나라와 달라서 큰아이는 7학년으로 시작했다. 학년이 높아 학업 부담이 있었지만 과외선생을 따로 붙이지는 않았다. 우리 아이들에게 스스로 해낼 기회를 주고 싶었기 때문이다. 큰아이는 우리나라에 돌아가면 지난번에 포기했던 국제중학교에 다시 도전하고 싶다고 했다. 그런 큰아이에게 나는 이렇게 조언해주었다.

"처음에는 어렵더라도 돌아가기 전까지 영어를 A학점 받을 수 있도록 노력해 보렴. 그러면 국제중학교에 갈 수 있어."

그렇게 노력을 하는 아이는 아니었지만, 나는 큰아이가 진정 원하는 것을 이루기 위해서라도 노력해 주기를 바랐다. 캐나다 학제로는 8학년부터 고등학생이어서 많이 힘들 것이라고 생각했다. 더구나 캐나다인에게조차 국어과목인 영어에서 A학점은 쉽지 않아보여서 기대조차 걸지 않았다.

그런데 놀라운 일이 벌어졌다. 큰아이의 첫 학기 영어 성적은 C학점이었다. 하지만 그 다음 학기에는 B학점을 받더니, 마침내 8학년 1학기에는 A학점을 받아냈다. 아무런 도움 없이 큰아이가 스스로 해냈던 것이다.

큰아이는 7학년 여름학기에 학교 대표 축구선수로 뽑혀 각 학교에 원정을 다니면서 시합도 했다. 겨울학기에는 농구선수로 열심히 활동했다. 8학년 때는 미식축구를 하겠다고 했는데 나의 반대로 하지 못했다. 곧 귀국해야 하는데 너무 격렬한 운동을 하다가 다칠까봐 걱정스러워서였다. 하지만 지금은 미식축구를 못하게 한 것을 후회하고 있다. 나의 걱정 때문에 다시 없을 좋은 기회를 놓쳐버리지 않았나 싶기 때문이다.

큰아이는 캐나다 친구들하고 잘 어울렸다. 친구 집들을 돌며 파자마 파티도 하고, 게임도 하고, 영화도 보러 가는 등 즐거운 시간을 보냈다. 큰아이는 우리나라에 있었으면 가질 수 없었을 자유로운 시간을 즐겼다. 나는 사실 큰아이가 평소에 자신 없어 하고 주체적이지 못해 늘 걱정했다. 성적이 좋지 않은 것보다 자신감이 없고 점점 수동적이 되어 가는 큰아이를 보면서 늘 마음이 불편했다. 마치 내 탓인 것 같았다. 그래서인지 가능한 큰아이에게 스스로 판단하고 결정할 수 있는 시간을 많이 주려고 했다.

이런 노력의 결과로 큰아이는 스스로 선택하고 많은 것을 경험하면서, 노력한 만큼 성과를 얻고 인정을 받게 되자 얼굴이 달라져 갔다. 자신감이 있고 씩씩한 아이로 변해 갔다. 처음 캐나다에 도착했을 때, 사람들이 똘똘하다고 칭찬하면 아니라고 손사래를 치며 부끄러워하던 아이였지만 지금은 당당해 보인다. 우리나라에 돌아와서도 칭찬을 받으면 "감사합니다!" 하고 표현을 할 정도로 바뀌었다. 이런 모습을 보면서 나는 캐나다에서 보낸 시간이 큰아이에게는 정말 소중했다고 생각한다.

한편 작은아이는 캐나다에서 4학년으로 시작했는데, 딱히 할 게 많지는 않았다. 작은아이는 원래 책을 좋아하는 편이라 도서관 가기를 즐겼고, 도서관에서 많은 책을 빌려다 봤다. 중간에 이사를 가야 했을 때 작은아이는 도서관 근처로 가자고 졸라댈 정도였다.

"도서관에 가자고 하면 엄마가 언제든지 데려다줄게."

이 조건으로 우리는 학교 근처로 이사를 갈 수 있었다. 그때는 소설 《해리 포터》가 유행하던 시절이었다. 도서관에서 작은아이가 《해리 포터》를 읽는 걸 본 어떤 교포분이 작은아이에게 물었다.

"넌 한국어로 책 보는 게 편해? 영어로 보는 것이 편해?"

"똑같은데요."

작은아이는 자신 있게 대답했다. 작은아이는 영어책이든 한국어책이든 같은 수준으로 편하게 읽을 수 있었다. 작은아이는 책을 읽거나 바닷가에서 놀 수 있다는 것만으로도, 캐나다 생활을 좋아했다. 시간적 구애를 받지 않고 마음껏 즐길 수 있었으니 더할 나위 없었다. 게다가 좋아하는 체스도 원 없이 할 수 있었으니 작은아이에게 캐나다가 천국이었을 지도 모른다.

모두가 걱정하는 수학공부를 남겨두고 갑작스럽게 결정한 뒤

막연히 떠났던 캐나다 단기 유학이었다. 하지만 우리 아이들은 많은 것을 배우고 돌아왔다. 어떻게 사는 것이 행복인지를 느낄 수 있었던 것 같다. 앞으로 살아가면서 무엇을 해야 하는지, 무엇을 하고 싶은지 스스로에게 묻고 나름대로 답을 찾은 시간이었던 것 같다. 아이들은 귀국한 뒤에도 마냥 행복해 보였다. 큰아이는 지금도 가끔 말한다.

"엄마가 해주신 것 중에서 제일 좋았던 건 캐나다에 데려가 주신 거예요."

이 말에는 다양한 의미가 담겨 있다고 생각한다.

첫째는, 중급 정도였던 영어가 눈에 띄게 많이 향상되었다는 점이다. 캐나다에서 돌아온 후 영어를 따로 더 배울 필요가 없을 정도였다. 영어를 잊지 않도록 유지만 하면 됐으니 학업 부담이 많이 줄어들었던 것이다. 둘째는, 자율적으로 공부를 하면서 성취감과 자신감이 생겼다는 점이다. 셋째는, 즐겁고 행복하게 사는 법을 배웠다는 점이다.

작은아이도 형처럼 우리나라에 돌아와서도 캐나다를 그리워했다. 한동안 작은아이는 "세상에서 제일 좋은 곳이 어디니?"라고 물으면 자신 있게 "캐나다에서 우리가 살았던 피스아치"라고 했다. 작은아이는 아무리 급해도 하고 싶은 것을 하면서 공부하는 타입이었다. '공부의 노예'가 되고 싶지 않다는 이유에서였다. 그런 작은아이를 볼 때마다 나는 '아이의 행복지수'를 생각했다. 물론 내가 달달 볶더라도 작은아이는 꼼짝도 하지 않았을 것이다. 이미 캐나다 생활을 하면서 그렇게 몸에 배였으니까 말해 무슨 소용이 있단 말인가!

나는 캐나다에서의 시간이 상당히 값지고 보람찼다고 생각한다. 좀 더 넓은 세상을 보고 싶다는 사람에게는 기꺼이 유학생활을 추천해 주는 이유이기도 하다. 아빠와 가족 모두가 같이 가면 좋겠지만, 그렇지 못할 경우에는 1년 정도의 단기 유학이라도 권하고 싶다.

Tips 단기 조기유학을 원한다면

1. 왜 유학을 가는가? 목표를 확실히 정하고 가자.
2. 유학 가기 전에 간단한 영어 문법은 꼭 정리해놓자.
3. 과학·사회·세계사 등에 관한 다양한 책들을 읽고 배경 지식을 쌓아두자.
4. 한국인 유학생이 많은 지역은 가급적 피하자.

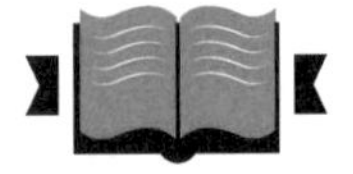

엄마가 해준 따뜻한 밥은 아이의 마음을 열어준다

아이들은 태어나자마자 너무나 큰 세상을 만나게 된다. 그 큰 세상에서 혼자서는 아무것도 할 수 없는 아이들은 누군가를 붙잡고 살 길을 찾아서 적응해 나갈 것이다. 아이들이 길을 헤쳐 나갈 때 부모는 등대가 되어야 한다. 이 시기에 부모의 사랑과 관심은 아이들의 성격을 결정지을 수 있다.

부모의 사랑과 관심을 제대로 받으면서 자란 아이들은 밝고 긍정적이다. 세상을 신뢰하며 자신감을 갖고서 성장할 수 있다. 부모의 사랑과 관심을 제대로 못 받은 아이들은 어둡고 부정적이다. 세상을 신뢰하지 못하고 열등감을 갖고서 삶을 시작할 수도 있다.

따라서 부모는 아이들에게 적절한 사랑과 관심을 지속적으로 보여줌으로써 아이들이 자신을 소중한 존재라고 여기도록 해주어야

한다. 특히, 일상에서 부모의 사랑과 관심을 직접 느낄 수 있게 해주는 것이 중요하다

나는 우리 아이들에게 관심과 사랑을 느낄 수 있는 따뜻한 품을 만들어 주고 싶었다. 매일매일 아이들에게 사랑과 관심을 듬뿍 담은 따뜻한 음식을 만들어 주었다. 아마도 친정엄마한테 받았던 맛있는 밥상이 기억나서 그랬는지도 모르겠다. 친정엄마는 따뜻한 밥을 해주었고, 그것이 '엄마 직업'이라고 했다. 그때는 그러한 밥상이 마냥 좋았던 것은 아니다. 하지만 밥상 앞에 옹기종기 모여 앉은 가족의 행복했던 모습이 자주 생각나곤 했다. 어느덧 자식을 키우다 보니 그것이 엄마의 사랑과 관심의 표현이었음을 깨달았다. 그래서인지 나도 아이들을 맛있게 먹이고 나면 뿌듯하고 행복했다.

나는 우리 아이들이 잘 먹어줘서 감사했다. 또 따뜻한 음식을 먹으면서 아이들이 따뜻한 사랑을 느낄 수 있기를 바랐다. 또한 아이들 마음에 따뜻한 사랑이 잘 자랄 수 있도록 기도했다. 집안일도 음식도 잘하는 편은 아니었지만, 나는 아이들에게 맛있는 밥을 열심히 해 주려고 노력했다. 아이들은 학교에서 돌아와 집 문을 열고 들어오면서 "엄마, 배고파요" 하고 말했다. 점심 먹은 지 얼마 안 되었는데도 배가 고프다고 했다. 그러면 나는 김밥, 떡볶이, 김치전, 주먹밥… 이런 것들을 번갈아 내놓았다. 밖에 있다가도 아이들이 돌아오면 배고플까봐 뛰어 들어와 간식을 서둘러 만들어 주곤 했다.

왜 그런지 모르지만 우리 아이들은 오로지 '집밥'만 좋아했다. 방학이면 한 달에 20킬로그램짜리 쌀 한 포대는 먹어 치웠다.

촌스러운 나의 사랑 전달법이 아이들에게 통했던 것 같다. 아주 어렸을 때부터 함께 식사를 해온 덕분인지 우리 가족은 지금도 집에서 식사시간을 즐기고 있다. 물론 아이들이 중고생이 되었을 땐 모두가 바빠서 가족끼리 식사할 시간을 맞추기가 어려웠지만 말이다. 하지만 그 시절에도 주말 아침마다 음식을 잘 준비해서 함께 식사를 하고 밀린 이야기를 나누었다.

우리 아이들은 사춘기를 겪던 때조차 '맛있는 밥'을 먹자고 하면 거절하지 않았다. 혼나다가도 "밥 먹으러 가자!" 하면 따라 나섰고, 맛있는 음식을 먹다 보면 썰렁한 분위기는 그냥 풀어졌다. 아이들이 고등학교에 다니면서 힘들고 우울할 때도 '맛있는 밥'을 먹으면서 기분을 풀었다.

작은아이가 고등학교 2학년 시험 기간에 당장 학교를 그만두고 싶다고 했을 때도 그랬다. 첫날 시험을 끝내고 내 차에 탄 직후였다.

"엄마, 나 학교 그만둘래요. 이런 시험을 왜 봐야 하는지 모르겠어요."

그 순간 하늘이 무너지는 듯했다. 내가 믿었던 작은아이한테서 '어떻게 이런 말이 나오지?' 싶었다. 이제 맞을 매는 다 맞았다고 생각하던 차에 전혀 예상치 못한 매를 맞은 기분 같았다. 나는 얼른 정신을 차려야 했다. 작은아이는 입에서 내뱉은 말을 주워 담지 못하는 성격이었다. 한마디로 막무가내였다. 집에 가서 문 닫고 방에 들어가면 끝이었다. 분명 '할 이야기 없다'고 말할 것임에 틀림없었다. 내가 화를 내고 흥분해도 끄떡도 안 할 아이였다. 나는 일단 시간을 벌기로 하고서 떨리는 마음을 숨기고 가볍게 대답했다.

"응, 그렇게 해. 그런데 엄마 배고프다. 밥 먹자."

그러고서 작은아이와 식당으로 향했다. 그때까지 나는 작은아이에게 음식 선택을 맡겼다. 하지만 그날은 내가 먹고 싶은 콩나물국밥을 함께 먹자고 했다. 그 날은 작은 아이도 미안했는지 아무 소리 없이 따라 나섰다. 우리는 학교 이야기는 한마디도 하지 않은 채 일상적인 이야기를 나누면서 따뜻한 밥만 맛있게 먹었다. 식사를 끝내고 집으로 돌아오는 길이었다. 그때 나는 작은아이에게 말을 걸었다.

"아들, 학교 그만두고 뭐 할래?"

작은아이가 어떤 반응을 보일까 싶어 엄청 '떨고' 있었다.

"아직 거기까진 생각 안 해봤어요. 내가 무엇을 하고 싶은지를 찾아볼게요."

나는 무슨 말이라도 해야 했다.

"독일 갈래? 너는 독일어도 잘하고, 독일 좋아하잖아. 외국에서 살고 싶다고 했잖아. 독일에는 학비가 없으니까, 너 스스로 독립도 가능하고 좋네."

마음에도 없는 소리가 주저리주저리 나왔다.

"그것도 괜찮은 것 같아요."

작은아이는 염려했던 것과 달리 대답을 했다. 희망이 보였다. 나는 계속 말을 이어 나갔다.

"그런데 지금 학교를 그만두면 너는 도피자가 될 텐데…, 괜찮아? 사람들은 네가 시험 못 봐서 그만둔다고 할 거야."

작은아이가 대답했다.

"그건 싫어요."

작은아이의 이 짧은 말 한마디에서 희망을 봤다.

"그럼, 이번 시험은 최선을 다해서 마무리하자. 지금 네 실력이라면 정리만 잘해서 시험 보면 '평타'는 칠 거야. 우리 '평타'만 치자. 엄마는 독일 유학에 대해서 알아볼게."

"네 그럴게요."

의외로 작은아이가 순순히 응해 주었다.

나는 주차하고 들어갈 테니 작은아이에게 먼저 집에 들어가라고 했다. 작은아이를 내려 주고 나니 긴장이 풀리면서 눈물이 쏟아졌다. 차안에서 펑펑 울었다. 힘들기도 하면서 억울하고 분하기도 한, 그렇듯 묘한 감정이 올라와 꺼억꺼억 울었다.

'나만 힘들까? 모든 엄마가 이렇게 힘들까?'

울만큼 울고 집에 들어가 작은아이 방을 살짝 들여다 보았다. 작은아이는 열심히 공부하고 있었다. 오히려 공부를 해야 하는 이유를 찾고, 열심히 하고 있는 작은아이를 보면서 나는 위로를 받았다. 대단한 일을 해내서 칭찬받는 듯한 기분이 들었다.

작은아이는 '오직 학교를 당당하게 그만둘 생각'으로 최선을 다해서 시험을 치렀고, 고등학교 2학년 2학기 기말고사를 무사히 마쳤다. 작은아이가 지금까지 본 시험 중에서 결과가 제일 좋았다. 나는 작은아이와 약속한 대로 계속 독일 유학을 알아보았다. 독일 대학에 입학하기 위해서는 수능대학수학능력시험 성적표가 필요하다는 걸 말하자, 작은아이는 생각할 시간을 달라고 했다. 며칠 후 작은아이는 우리나라에서 고등학교를 졸업하겠다고 말했다. 너무나 감사했다.

작은아이는 내가 먹고 싶다고 한 콩나물 국밥을 함께 먹으면서 나를 배려해 주었다. 내가 보여 줬던 '따뜻한 밥의 사랑'을 작은아이가 나에게 베풀어 준 게 아니었을까. 콩나물국밥을 먹지 않고 집으로 갔더라면 작은아이는 바로 자기 방에 들어갔을 것이고, 아마 나는 대화를 나눌 기회조차 얻지 못했을 것이다. 그 기분에 그냥 자느라 시험공부도 하지 않았을 것이고, 다음 날 학교에도 가지 않았을지도 모른다. 작은아이와 나는 '따뜻한 밥'을 먹었기 때문에 서로가 생각할 수 있는 시간을 벌 수 있었던 것 같다.

작은아이와 마찬가지로 큰아이에게도 내가 해줄 수 있는 것이 별로 없었다.

"너는 힘든데, 엄마가 해줄 수 있는 건 밥하고 기도 뿐이네."

고등학교 3학년일 때 어느 날 큰아이에게 미안한 마음이 들어 던졌던 말이다.

"그게 제일 크죠."

큰아이는 내 마음을 알았다는 듯이 흔쾌히 대답해 주었다.

맛있는 식사를 하면서 대화하는 것이 좋다는 사례들이 있다.

첫 번째 사례는 미국인들의 존경을 받는 버락 오바마 전 대통령에 대한 이야기다. 그는 아무리 바빠도 가족과 함께 식사하는 것을 매우 중요시했다고 한다. 이는 싱글맘이었던 그의 엄마의 영향 때문이었다. 일찍 일을 하러 가야 했던 엄마는 새벽에 아침식사를 차려 어린 오바마의 침대로 가져왔다. 찡찡거리는 그를 달래 식사를 같이 하면서 숙제나 일상사의 이야기를 나누곤 했다고 한다. 이런 엄마의 사랑과 관심을 받으면서 그는 몸과 마음이 건강하게 자랄 수 있었던 것이다.

두 번째 사례는 식사를 같이 하면서 밥상머리 교육을 철저히 해왔다는 유대인들의 이야기다. 유대인 가족들은 일주일에 한 번씩, 특히 안식일마다 온 가족이 모여 식사를 같이 했다고 한다. 또 편안한 분위기에서 맛있는 음식을 먹으며 휴식을 취하는 가운데 아이들은 부모에게 마음을 터놓고 고민을 이야기하면서 그 과정에서 언어 능력과 학습 효과를 높였다고 한다.

세 번째는 1980년대 미국 보스턴에 사는 3살 자녀를 둔 저소득층 85가구를 대상으로 실시한 하버드 대학 연구진의 사례다. 이 연구 결과는 저소득층 아이들은 학습 환경이 좋지 않고 부모와 함께 지내는 시간도 적으니까 당연히 학업성취도가 낮을 것이라고 예상했는데 뜻밖이었다. 가족과 함께하는 식사의 횟수와 식사 때 이루어지는 양질의 대화가 아이들의 언어 능력에 미치는 영향이 학습 환경보다 오히려 컸다고 한다. 가족들과 식사를 자주하거나, 식탁에서 다양한 대화를 나누었던 가정의 아이들이 언어 능력과 학업성취도가 높았다는 것이다.

나는 '따뜻한 밥' 사랑 덕을 크게 봤다. "식사했어?", "맛난 밥 드세요", "식사하러 오니?" 등과 같은 글을 지금도 나는 가족 단톡방에 올린다. 밥 때문에 우리 가족은 단톡방에서 대화를 나누었던 것이다. 이는 가족이 함께하는 식사가 큰 의미를 주고 있다는 이유에서였다.

내가 한 음식을 우리 아이들이 맛있게 먹는 것을 보고 있는 것만으로도 그냥 행복했다. 함께 먹는 음식을 매개로 만나서, 다양한 이야기를 나누다 보면 우리가 '한가족'이라는 사실을 확인할 수 있었다. 또 맛난 음식을 같이 먹으면서 사랑을 느끼고 서로를 지지해 준 사실도 다시금 깨우칠 수 있었다. 의견 차이가 있을 때도 식사를 하면 곧 친밀한 대화를 나눌 수 있었다.

"식사 할 수 있어요?"

우리 아이들은 지금도 현관문을 열고 들어설 때마다 이렇게 인사한다. 아이들은 집밥이 먹고 싶다고 한다. 이것저것 챙겨서 밥상을 차려주고 식탁에 앉아 있을 때마다 나 역시 행복하다.

Tips

1. 사랑과 관심을 표현할 수 있는 엄마만의 방법을 찾아보자.

2. 사랑과 관심을 표현할 수 있는 방법을 찾았다면 반복하여 습관화하자.

3. 아이와 사소한 이야기라도 많이 나누자.

4. 아이가 즐길 수 있고, 편하다고 느낄 수 있는 방법을 찾아보자.

때론 엄마의 단호한 훈계가 아이를 바른 리더로 성장시킨다

부모는 아이들이 사회에 나가 자신의 행동에 책임을 질 수 있도록 키워야 한다. 뉴스에 오르내리는 사건과 사고를 보면서 아이들이 바른 생각, 바른 행동을 하고 사는 것이 얼마나 중요한지 깨닫게 된다. 일상의 지침을 제시하는 《육방예경六方禮經》에는 부처님이 말씀하신 '부모가 자녀에게 해줘야 하는 5가지'가 소개되어 있다. 그중 2가지가 새겨볼 만하여 소개한다.

첫째는 자식을 악惡에서 보호해야 한다.

둘째는 자식에게 선善이 굳건하게 서도록 해야 한다.

보다시피 아이들을 잘 입히고 좋은 것을 먹여 귀하게 키우는 것이 부모가 해줘야 할 일이라고 적혀 있지 않다. 무엇이 옳고 나쁜지 아이들이 잘 판단하도록 가르치는 것이 중요하다는 것을 알려주고 있다. 아이들에게 옳지 않은 것은 멀리하고, 올바른 행동과 말을 하도록 가르쳐야 한다는 의미로 받아들여진다.

큰아이가 어렸을 때 옆집 사는 아이의 이름이 '왕자님'이었다. 그의 엄마도 아빠도 그를 '왕자님'이라고 불렀다. 어쩌다 그의 할머니라도 오면 손자를 큰 목소리로 '왕자님'이라고 불렀다. 큰아이는 이상해 보였는지 "엄마, 저 애가 왕자야?" 하고 물었다. 큰아이는 옆집 '왕자님'에 대해 너무 궁금했는지 처음에는 가만히 지켜보다가 여러 번 힐끔힐끔 살피더니 자기와 다를 게 없다고 판단했던 것 같다.

어느 날 큰아이는 엘리베이터에서 우연히 만난 '왕자님'과 의기투합했는지 같이 놀겠다고 했다. 왠지 부담스러웠지만 옆집에 사는 또래아이였던 터라 같이 놀게 했다. 놀이를 하면서 배려하고 양보하는 것을 배우는 것도 괜찮겠다 싶기도 했다. 아이들이라 곧 친해져 재미있게 놀고 있나 했더니 일이 터졌다. 나도 모르는 사이에 무슨 일이 있었는지 '왕자님'이 무척 화가 나 있었다. '왕자님'의 엄마는 잽싸게 뛰어와 큰아이를 안고서 말했다.

"미안해. 우리 '왕자님' 성격이 급해서 그래. 네가 이번만 양보해 주렴."

나와 큰아이는 무슨 영문인지 모른 채 멍하니 집으로 돌아왔다. 큰아이는 뒤늦게 억울했는지 갑자기 울음을 터트렸다. 이야기를 들어보니, 장난감 갖고 놀다가 둘 다 동시에 같은 장난감에 손을 뻗쳤다고 한다. 그때 갑자기 '왕자님'이 자기를 때렸고, '왕자님'의 엄마가 그걸 보고 달려와서 우리 큰아이를 잡았다는 얘기였다.

어떻게 이런 일이 있을 수 있나 싶어 너무 놀랐다. 보통은 자기 아이를 양보시키거나 꾸중을 하는 것이 일반적이다. 그런데 그 엄마는 우리 큰아이를 붙잡고 양보해 달라고 했다는 것이다.

얼떨결에 그런 일을 당한 큰아이는 한참을 울었다.

"우리 아들이 진짜 왕자잖아. 진짜 왕자는 참을 줄도 알고 용서를 해 줄 수도 있어야 해."

이 말에 위로가 됐는지 큰아이는 눈물을 그쳤다. 옆집 아이는 '가짜 왕자'고 우리 큰아이가 '진짜 왕자'가 된 것 같았다. 한동안 '가짜 왕자'의 엄마가 했던 행동이 계속 떠올랐다.

'이런 상황에서는 자신의 아이를 꾸짖고 직접 사과하게 하는 것이 상식 아닌가?'

이런 생각까지 미치자 옆집 '왕자님'의 엄마는 자식을 어떻게 사랑해야 하는지 모르는 사람이 아닐까 싶었다. 물론 엄마가 달라지지 않는다면 '왕자님' 또한 앞으로 달라지지 않을 게 뻔했다. '왕자님'처럼 자기 자식만 소중히 여기는 부모의 아이들이 사회에 나오면 무슨 일이 벌어질까 걱정스럽기도 했다. 비록 아이가 어리다지만 옳은 것과 옳지 않은 것을 제대로 가르쳐야 하지 않았을까. 얼마 뒤 그 '왕자님'네가 갑자기 이사를 가버렸다. 무슨 일이 있었는지는 지금도 모르지만 다행이라고 생각했다.

아이들끼리 싸울 때 큰아이는 먼저 시비를 거는 타입이 아니었다. 그렇다고 당하기만 하는 아이는 더더욱 아니어서 걱정스럽기까지 했다. 그러던 차에 큰아이가 초등학교 5학년 때쯤 어느 날, 선생님으로부터 큰아이가 친구하고 다투었다는 전화를 받았다. 선생님 말씀대로라면 다른 아이가 가만히 있던 큰아이를 갑자기 때렸다는 것이다. 그러자마자 큰아이가 벌떡 일어나 그 아이를 두 대 때렸다고 한다. 그 아이는 본래 남들에게 함부로 손찌검을 하는 버릇이 있어서 다른 아이들과도 문제를 자주 일으켰다고 한다.

원인이 무엇이건 큰아이의 경솔한 행동을 용서할 수 없었기에 큰아이를 크게 꾸중했다. 그러자 큰아이가 울면서 소리를 질렀다.

"엄마는 왜 나한테만 참고 양보하라고 해요? 다른 엄마들은 아무도 그런 소리 안 해요. 엄마는 내가 맞고 왔으면 좋겠어요?"

큰아이가 이렇게 덤비는 것은 처음 있는 일이었다.

"그래, 맞고 와. 그리고 우리 발 뻗고 자자."

나는 단호하게 "때린 자는 다리를 못 뻗고 자도 맞은 자는 다리를 뻗고 잔다"는 속담을 인용해서 말해 주었다. 그 당시 참 잘했다고 생각하고 스스로 어깨를 토닥토닥하면서 위안을 삼은 적도 있었다. 큰아이는 그 말의 의미를 잘 몰랐을 수도 있었겠지만 다행히도 다시는 맞는 일도 때리는 일도 없었다. 어쩌면 그저 나의 단호함에 눌렸는지도 모른다.

큰아이와 달리 작은아이는 자꾸 맞고 다니면서도 무서워서 태권

도도 배우지 않겠다고 했다. 5학년 때 같은 아파트에 사는 같은 반 아이를 엘리베이터 앞에서 만났을 때다. 작은아이가 내 뒤로 숨어서 그 아이를 피하는 게 아니던가. 걔가 자기를 종종 건들거나 때린다고 했다. 갑자기 만감이 교차되면서 '너도 한 대 때려주지 왜 맞고 다녀!'라는 외침이 목구멍까지 올라왔지만 꾹 참았다. 큰아이에게는 '차라리 맞고 다녀!'라고 한 게 생각나서였다. 작은아이가 잔뜩 겁을 먹고 있는데 나마저 화를 내면 어쩌나 싶기도 했다.

내가 그 아이에게 잘 말해 보겠다고 했더니 작은아이는 자기가 견뎌낼 수 있다면서 정색을 했다. 기가 막혔지만 '아이들의 세계'라는 게 있으니 쉽게 나설 수도 없었다. 어떻게 해야 이 문제를 지혜롭게 해결할 수 있을지 남편과 함께 고민을 나누었다. 큰아이와도 상의했다. 마침 큰아이가 그 아이를 알고 있었다. 큰아이가 나서기로 작정하고 저녁식탁에서 작은아이에게 말을 꺼냈다.

"걔가 너를 때려?"

큰아이의 물음에 작은아이는 고개를 끄덕였다. 큰아이의 동생 교육이 시작되었다.

"처음에는 좋은 말로 단호하게 '때리지 마!' 하고 경고해. 그래도 때리면 쩌렁쩌렁하게 큰소리로 '때리지 마!'라고 소리 질러. 세 번째는 너도 한 번 때려 줘. 그때는 어떻게든 이겨야 해."

작은아이는 "알겠어"라고 대답했다. 하지만 내가 보기에 작은아이가 그렇게 할 것 같지는 않아 보였다. 우연히 큰아이가 그 아이를 엘리베이터에서 만났을 때 동생을 괴롭히지 말라고 경고하는 것으로 끝을 냈다. 이렇게 다른 두 아이들을 키우면서 같은 문제로 다른 경험을 했고, 각기 다른 반응을 보일 뻔했지만 가까스로 잘 넘길 수 있었다.

그러나 내 욕심 때문에 우리 아이들을 제대로 단속하지 못해서 부끄러워했던 적도 있다. 아이들은 식사시간마다 식탁에서 책을 봤다. 처음에는 그러지 못하게 했다.

"책 읽을 시간이 많지 않은데, 식사시간에 책 읽게 해주세요."

큰아이의 요청에 마음이 약해져 허락하고 말았다. 큰아이의 마음을 이해했기에 거절하지 못했던 것이다. 그런데 내 남동생이 집에 왔다가 그 광경을 보고 불쾌해했다.

"누나, 아이들이 식사할 때 책을 읽는 걸 왜 내버려 둬? 식사할 때도 책 보니까 좋아?"

어쩌면 남동생은 옳지 않은 줄 알면서도 미적거리던 나의 정곡을 찌른 셈이 되었다.

언젠가 작은아이 학교의 반 모임에서 친구 엄마가 나에게 아는 척을 했다. 반가워서 옆에 앉았더니, 그녀가 나한테 할 이야기가 있다고 했다. 작은아이가 방과 후에 자기네 집에 놀러 왔을 때, 아이들이 신나게 놀다가 잠시 책을 보기 시작했다고 한다. 그녀가 간식을 주었는데 작은아이는 그때에도 책을 들고 식탁에 앉았고, 계속 책을 봤다고 한다. 책을 치우고 간식 먹자고 하는데도 작은아이는 대꾸도 안 한 채 책만 봤다고 한다.

"집에서도 그러니?"

그녀는 화를 참지 못하고 작은아이를 나무라듯 말했다고 한다.

"네, 저는 집에서도 그러는데요."

작은아이는 눈치 없이 이렇게 대답했단다. 그녀는 그런 얘기를 내게 할 때도 몹시 흥분해 사람들 앞에서 큰소리로 이야기했다. 너무 창피했다. "집에서 새는 바가지 밖에서도 샌다"더니, 딱 우리 작은아이가 그 꼴이었다. 집에 돌아오자마자 작은아이에게 소리를 꽥 질렀다.

"너희들, 식사시간에 책 보지 말라고 몇 번을 말했잖아!"

특히 작은아이에게는 쉬지 않고 말을 이어 나갔다.

"친구 엄마가 식탁에서 책 보지 말라고 했잖아! 그런데 왜 계속 책을 봤어? 어른이 말씀하시는데 누가 그렇게 버릇없이 하랬어?"

내가 식사시간에 책 읽는 것을 용인해놓고선 화를 내고 있었던 것이다. 내 말과 행동에 일관성이 없다고 생각해서였는지, 작은아이는 "난 잘못한 거 없어!"라고 외치며 억울한 듯 울어버렸다. 사실 작은아이는 친구 엄마가 묻는 말에 솔직히 대답했을 뿐이 아니던가. 하는 수 없이 화내고 소리 지른 것에 대해 아이들에게 먼저 사과했다. 나의 잘못을 인정함으로써 사태를 수습할 수 있었다.

이제야 비로소 아이들이 나의 말을 이해할 마음의 준비가 되어 있어 보였다. 나는 식탁에서 책 읽는 것이 왜 잘못된 것인지를 차분하게 말해 주었다. 친구 엄마 말을 무시한 채 책을 계속 보니까 친구 엄마가 화를 낸 것이라는 얘기도 해 주었다.

"너희들이 친구 집에서 잘못하면 엄마도 욕을 먹을 수 있어."

이 말에 아이들도 어느 정도 수긍하는 듯했다. 이 사건은 나 자신 역시 반성하는 계기가 되었다.

"귀한 자식 매 한 대 더 때리고, 미운 자식 떡 한 개 더 준다"는 속담도 있다. 귀한 자식일수록 옳고 그름을 열심히 가르쳐야 한다는 의미로 이해하고 있다. 그런데 이렇게 말하는 사람들도 드물지 않게 있다.

"아이들이라 그렇지, 크면 알아서 해요."

나는 '알아서 하는 것은 없다'고 생각한다. 일례로 아이들의 기를 죽이게 된다며 버릇없이 굴어도 내버려두는 부모들을 보라. 나는 그런 부모들에게 묻고 싶다.

'다 잘난 세상에서 댁의 아이만 기를 펴고 잘살기를 바라나요?'

이제는 대학생이 된 큰아이도 버릇이 없는 아이들을 보면 몹시 못마땅해 하면서 한마디 거들기도 한다.

"왜 엄마들이 안 가르치는지 모르겠어요."

흔히 엄마들은 '내 자식은 다르겠지'라고 생각한다. 하지만 큰 오산이다. 모든 아이들은 별반 다르지 않다는 것을 인정해야 한다. 모름지기 부모라면 아이들이 잘못한 것을 따끔하게 지적하고, 올바른 것이 무엇인지를 깨우쳐 주어야 한다. 아무리 귀한 자식일지라도 잘못했으면 혼내고, 혼나야 하는 이유도 분명히 가르치면 아이들은 달라질 수 있다.

Tips

1. 엄마는 사소한 것이라도 아이의 인성교육에 힘써야 한다.

2. 엄마는 일관성 있는 모습을 아이에게 보여주어야 한다.

3. 엄마는 타인을 배려하는 모습을 먼저 보여주어야 한다.

4. 엄마는 아이가 잘못하면 따끔하게 혼을 내고 가르쳐야 한다.

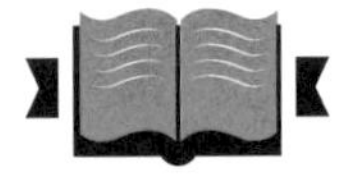

사소한 일상을 호기심으로 연결시켜 생각 능력을 키우다

'아이들은 부모의 거울'이라고 하지 않던가. 아이들의 행동을 보면 부모를 알 수 있다고 해서 나온 말이다. 아이들은 부모의 모습을 보고 자라면서 그대로 따라하기 때문이다. 이 말을 통해 아이들 교육의 시작은 부모에 의해 이루어진다는 것을 알 수 있다. 뿐만 아니라 일상에서 아이들의 지적 호기심을 이끌어내는 것도 부모가 해야 할 일임을 일깨워 준다.

부모는 아이들이 다양한 경험을 할 수 있도록 환경을 조성해 주고 아이들의 호기심을 자극해야 한다. 특히 엄마는 아이들과 가장 밀착되어 있고 오랫동안 같이 생활하는 만큼 작고 사소한 것이라도 아이들이 호기심을 보이면 즐길 수 있도록 해주면 좋다. 아이들의 관심은 어디서 생길지 모른다. 때로는 일부러 호기심을 유발시켜 지적 자극을 주어서 아이들의 관심을 끌 수도 있다. 이렇게 엄마가 아이들의 첫 선생님이 되는 것이다.

가정은 아이들의 삶을 결정할 수 있는 중요한 장소다. 부모가 아이들에게 무엇을 가르쳐서가 아니라, 부모가 일상에서 보여주는 말과 행동으로 아이들을 깨우치게 할 수 있어서다. 아이들이 공부를 하고 싶도록 부모가 환경을 조성해주는 경우가 그러한 예다. 아이들의 미래는 부모의 끊임없는 노력으로 달라질 수 있다.

유대인들의 가정교육은 이런 면에서 본받을 만하다. 유대계 미국인 국제변호사 앤드루 서터와 부인 유키코가 쓴 《세계에서 통하는 사람을 만들어라》에 보면 "유대인들이 결코 머리가 좋아서 공부를 잘하는 게 아니다"라는 주장이 나온다. 또한 유대인 부모들이 가정에서 실천하는 다음과 같은 7가지 사항을 소개하고 있다.

1. 책장에 책을 가득 채워라
2. 조건 없이 지켜보라
3. 보여주고, 체험하게 하고, 감동을 주라
4. 아이를 뛰어나게 만드는 말을 하라
5. 믿고 있다는 것을 행동으로 표현하라
6. 부모가 '보스(우두머리)'라는 것을 잊지 말라
7. 때가 되면 독립시켜라

서터 부부에 따르면, "아이들의 지능과 같은 유전적 요인이 중요한 것은 아니다"라고 강조한다. 다시 말해 아이들이 스스로 할 수 있는 '힘'을 길러주는 교육을 부모가 헌신적으로 하는 것이 중요하다고 말한다.

나는 우리 가족의 첫 집이 숲이 보이고 산책을 할 수 있는 공원도 있으며 아무 때나 나가서 뛰어놀 수 있는 운동장이 있었으면 좋겠다고 생각했다. 그래서 관악산 입구 서울대학교 앞에 있는 한 아파트에서 신혼생활을 시작했다. 거기서 아이 둘을 낳았다. 큰아이가 3살 때쯤 산책을 나가려고 현관문을 열자 큰아이는 "아~ 시원하다"고 말했다. 큰아이는 내가 늘 하던 소리를 앵무새가 따라하듯 나보다 먼저 말했던 것이다. 너무 웃겨서 친구에게 이 이야기를 했더니 친구도 그런 경험이 있다고 했다.

친구가 자신의 아이에게 냉장고에 있는 걸 꺼내오라고 시켰단다. 고사리 같은 손으로 냉장고에서 물건을 꺼내더니 발로 냉장고 문을 닫더란다. 평상시 친구가 냉장고 문을 발로 닫는 습관을 따라했던 것이라고 한다. 이처럼 아이들은 어른들이 하는 말과 행동을 그대로 따라한다.

나는 아이들의 행동을 항상 주시하면서, 아이들이 보이는 작은 관심도 놓치지 않으려고 노력했다. 아이들이 일상의 사소한 것에 관심을 보일 때도 어느 것 하나도 지나치지 않았다. 아이들이 호기심에 가득찬 얼굴을 하고 좋아서 어쩔줄 몰라 할 때면 나는 애정을 갖고 들어 주었으며, 아는 대로 답해 주었다. 모르는 것은 아이들과 함께 책에서 찾았다.

우리 아이들이 어렸을 때 아파트에는 모래가 깔린 놀이터가 있었다. 모래에 앉아서 모래집도 짓고, 비 온 뒤 축축한 모래 위에 그림도 그렸다. 땅을 기어다니는 개미 떼를 보면서 아이들은 흥미를 보였다. 개미들이 줄지어 가는 것을 쫓아간 아이들은 개미에 관한 책을 읽어 달라고 했다. 자연스럽게 그날 저녁은 개미 이야기로 시끌벅적했다. 어느덧 아이들은 우리 주변에서 일어나는 현상에 호기심을 가지게 되었고, 배움도 이때부터 시작되었다.

봄·여름·가을·겨울 매 계절마다 관악산을 산책하면서 큰아이는 모든 것에 호기심을 가득 보였다. 심지어 이리저리 뛰어다니면서 모든 것을 다 아는 척했다. 큰아이에게는 돌도 나무도 그리고 길에 떨어져 있는 나뭇가지도 신기했다. 내가 아는 꽃 하나를 알려 주면 큰아이는 그것에 대해 계속 묻거나 자기도 아는 것을 찾아낸 뒤 나한테 알려 주었다. 책에서 본 꽃이나 풀이 나오면 나한테 들고 뛰어왔다.

나무들이 1년 내내 같은 색의 옷을 입기도 하고, 다른 색으로 갈아입기도 하는 것을 보면서 큰아이는 자랐다. 나무들이 다른 옷을 입는 이유를 책에서 찾아 보기도 했다. 세상이 신기해서 신났던 큰아이의 얼굴이 지금도 생생하다.

자연스럽게 큰아이는 자기가 궁금한 것을 책을 통해 알 수 있다는 걸 깨달았다. 큰아이는 비가 오면 비도 만져보면서 "비는 왜 올까?"라는 질문을 스스로에게 던져본 뒤 책에서 열심히 답을 찾았다. 큰아이는 내가 기대했던 것보다 훨씬 많은 것을 책에서 알아냈다. 큰아이에게는 신기한 게 천지에 널려 있었다. 수제비를 하려고 밀가루를 반죽하는데 같이 하고 싶어 하자 나는 조금 나눠준 적이 있었다. 큰아이는 밀가루가 물과 섞이면서 밀가루의 느낌이 달라지는 것도 알아냈다. 엄마가 과학적으로 설명하지 않아도 큰아이는 책을 읽어가면서 풀어냈다. 책을 읽으면서 자기가 궁금해했던 내용이 나오면 소리를 지르며 달려와 말해 주기도 했다.

〈난타〉 공연을 보고 온 날에는 집에 돌아와 〈난타〉 공연을 직접 시연했다. 다양한 재질로 된 솥과 세숫대야, 양푼 등을 엎어놓고 신나게 두드렸던 것이다. 큰아이는 이렇게 금속이나 플라스틱 같은 다양한 재질들이 서로 다른 소리를 낸다는 것도 배울 수 있었다.

나는 아이들이 어렸을 때부터 박물관과 미술관 그리고 뮤지컬 공연 등에 데리고 다니곤 했다. 특히 국립 박물관에는 새로운 전시가 있을 때마다 데려갔다. 아이들은 어렸을 때부터 다녀서인지 그런 전시들을 재미있어 했다.

작은아이가 뮤지컬 공연을 처음 보러 갔을 때 큰 음악소리에 놀라 자지러지게 울었던 적이 있다. 밖으로 나왔더니 금세 울음을 그친 다음 다시 들어가자고 했다. 그후 내 품에 얼굴을 묻고서 가끔 고개를 돌려가며 첫 뮤지컬을 봤던 기억이 있다. 이러던 작은아이가 나중에는 박수도 치고 노래도 따라 부르게 되었다.

아이들과 식사할 때마다 학교에서 있었던 일부터 그날그날의 이슈까지 많은 이야기를 나누었다. 아이들 주변의 모든 것이 학습 자료였고, 이야기 주제가 되었다. 큰 아이가 고등학생이 되면서부터는 방학 때마다 TV 앞에 상을 펴고 식사하면서 좋은 드라마를 선택해 몰아보기를 했다. 공부하느라 시간이 없던 아이들은 쉬면서 행복해했다. 〈신의 저울〉, 〈뿌리 깊은 나무〉, 〈마이더스〉 등을 보면서 직업을, 역사를, 그리고 어떻게 살아야 하는지를 이야기했다. 너무 어렸던 작은아이는 대화에 끼지 못했지만 잘 듣고 있었던 것 같다. 집에서 들었던 이야기를 친구들한테 해 주었는지, 친구 엄마들이 "작은아이가 아는 것이 많네요"라며 칭찬해 주기도 했다.

내가 이런 식으로 아이들을 교육할 수 있었던 이유는, '공부란 책상에 앉아 있어야만 할 수 있는 게 아니'라고 생각했기 때문이다. 또한 '학교에서 하는 공부가 대학 입시만을 위한 것은 아니'라고 생각했다. 대학 입시보다 더 중요한 것은 지혜를 얻어 잘살아가는 것이 아니겠는가. 학교에서 공부하는 이유가 '삶의 지혜를 얻기 위해서'라면 배우는 것이 훨씬 즐겁지 않겠는가?

중학교에 다니던 작은아이가 프로게이머가 되겠다고 한 적이 있었다. 이때 나는 당황스럽기도 했지만 꾹꾹 참으면서 말을 꺼냈다.

"공부가 싫으면 안 해도 돼. 일단 고등학교는 마치고 프로게이머가 되는 게 좋겠어."

작은아이는 "공부가 싫은 것은 아니에요"라고 말했다. 작은아이가 말하는 '공부'가 '배우는 공부'를 말하는 것임을 금방 알아차릴 수 있었다. 작은아이는 게임도 좋아하지만 책도 좋아했기 때문이다. 오히려 작은아이는 내가 공부를 강요하지 않았기에 "공부가 싫은 것은 아니에요"라는 말을 부담없이 했을지도 모른다.

사실 편한 분위기에서 공부를 즐길 수 있는 아이들이라면 '원하는' 대학에 갈 수 있을 것으로 본다. 일상에서 직접 느끼고 배우면서 생겨난 호기심을 주체하지 못하는 아이들은 배우는 것을 좋아할 수밖에 없기 때문이다. 당연히 이런 아이들은 공부하면서 궁금증을 풀기도 하고, 새로운 지식을 얻기도 한다. 또 책에서 자기가 몰랐던 새로운 것들을 접하면서 재미있어 하거나 흥미로워 하기도 한다. 이런 경험으로 볼 때 일상에서 궁금한 게 많은 아이들이 공부를 잘할 확률이 더 높을 수 있다는 것은 명백해 보인다.

Tips

1. 부모는 아이가 많은 것을 해보면서 궁금증을 풀 수 있도록 도와주자.
2. 아이의 목소리를 귀 기울여 듣고 간단한 질문도 던져주자.
3. 새로운 것 소개하기와 새로운 곳 데려가기를 게을리하지 말자.
4. 다양한 주제로 많은 이야기를 나눔으로써 아이의 호기심을 자극하자.

나쁜 성적을 받을 용기

엄마도 아이들도 뭔가를 배우겠다고 마음 먹는 순간에 학원부터 알아 본다. 요즘은 이런 현상이 더 과열되고 있는 것 같다. 그렇다고 '과연 학원이 답일까?' 하는 의문이 든다. 수학을 배우는 시기도 점점 빨라져 초등학교 2~3학년 때부터 수학학원만 2~3개씩 다닌다고 한다. 영어·국어·수학은 물론이고 논술·과학 등 학원을 5~6개 이상 다니는 건 기본이란다. 더욱이 중간·기말고사 기간이 되면 학원에 매달리는 경향도 점점 심해지고 있는 것 같다.

이제 학원은 더 이상 학교 수업을 따라가지 못할 때 도움을 받기 위한 곳이 아니다. 학교에서 배운 것으로는 부족해서 좀 더 배우려고 찾아가는 곳도 아니다. 유감스러운 점은 학원이 우선인지 학교가 우선인지 모르는 현실이다.

초등학생이던 시절, 우리 아이들이 다른 아이들처럼 학원에 다니는 것을 싫어했다. 어떤 엄마는 아이들이 학교만 가지 않으면 더 많은 걸 배울 수 있다고 했다. 하지만 선뜻 이해하기가 어려웠다. 학교는 공부 이외에도 배울 게 많은 곳이라고 생각해 왔기 때문이다. 적어도 우리 아이들에게는 어떤 곳보다도 학교가 우선이었다.

어쩌다 우리 아이들이 학원에 다니게 되면 “비싼 수업료를 냈으니 열심히 배워오라”고 가르쳤다. “놀고 싶은 시간에 학원에 가는 만큼 더 열심히 공부하라”고 했다. “배울 게 없으면 다니지 않아도 된다”고 말할 정도였다. 차라리 “그 시간에 밖에 나가서 놀라”고 했으니까 말이다.

큰아이가 중학생이었을 때 과목마다 팀으로 과외수업을 받는 아이들이 많았다. 큰아이는 친한 친구들이 과외도 같이 받고 학원도 같이 다닌다며 부러워하기도 했다. 큰아이에게 “친구들과 같이 다니고 싶으냐”고 물은 적이 있었다.

“엄마, 비싸대요.”

큰아이는 주저 없이 대답했다.

“네가 하고 싶으면 시켜 줄 거야. 엄마 돈 있어.”

큰아이는 의아한 듯 나를 쳐다봤다.

“돈으로 공부했으면 부잣집 아이들만 좋은 학교에 갔을 거야. 그런데 그렇지 않다는 것, 너도 잘 알지? 너는 ‘국사 인증한국사 능력 검

정시험'도 학원 안 다니고 땄잖아."

큰아이는 내가 무슨 이야기를 하는지 알아 듣는 듯했다.

큰아이가 다니던 중학교에서는 졸업 전까지 몇 가지 인증들 중 하나를 따서 제출하는 교내 규정이 있었다. 큰아이는 그중 '국사 인증'을 선택했다면서 학원에 보내달라고 졸라댔다. 나는 큰아이에게 혼자서 해 보라고 타일렀다.

"다른 아이들은 학원 다니면서 해도 못하는데요?"

큰아이는 겁을 내며 말했다.

"엄마는 국사 과목까지 학원 보내줄 돈이 없다. 그러니 책 사서 혼자서 해 봐."

나는 큰아이에게 단호하게 말했다. 큰아이는 더 이상 학원에 가겠다는 소리를 하지 않았다. 나는 여름방학 시작 전에 서점에 가서 주인에게 물었다.

"'국사 인증'을 따야 하는데, 무슨 책이 제일 잘 나가요?"

서점 주인이 책 한 권을 권해 주었다. 큰아이에게는 중학생용 3~4급, 작은아이에게는 초등학생용 5~6급용 교재를 사다 주었다. 아이들이 어떻게 하는지 며칠간 지켜 봤다. 양이 많아 책을 '보다, 말다' 하고 있었다. '국사 인증' 시험까지는 약 20일 정도 남아 있었던 때다. 아이들을 불러서 책을 14일 분량으로 나눈 다음 매일 2~3시간씩 국사를 먼저 공부하도록 했다. 내용을 먼저 숙지하고 문제 풀기를 2주간 시켜서 책 한 권을 끝내도록 했다. 또 나머지 시간에는 오답 노트를 만들어 복습하게 했다.

이후 큰아이는 3급을, 작은아이는 5급을 땄다. 큰아이는 자신감이 생겼는지 1급도 따겠다고 했다. 두 아이 모두 엄청난 것을 해낸 것처럼 의기양양했다. 그 뒤 큰아이는 웬만한 공부는 혼자서 해 보겠다고 했다. 덕분에 큰아이는 학원을 다니지 않아도 혼자 할 수 있다는 값진 경험을 체득했다. 자연스럽게 큰아이도 작은아이도 고등학교에서 국사를 배운 뒤 '국사 1급 인증'을 따낼 수 있었다.

나는 큰아이가 중학생일 때 내신 대비를 따로 시키지 않았다. 단지 수학 외에는 집에서 혼자 공부하게 했다. 중학생 때라도 스스로 해 봐야 할 것 같다는 생각이 들어서였다. 또 시행착오를 겪어봐야 자신이 무엇을 해야 하는지 알 수 있다고 생각했기 때문이다. 하지만 생각을 행동으로 옮기는 건 쉬운 일이 아니었다. 큰아이가 다니던 중학교에서는 내신을 혼자 대비하는 아이들이 많지 않았다. 내신을 혼자 대비하는 건 시험을 망쳐서 나쁜 성적을 받더라도 감수하겠다는 각오가 없으면 가능한 일이 아니었다. 때론 큰아이가 자신감을 잃고 못 일어서면 어쩌나 하는 걱정이 들기도 했다. 하지만 결과가 좋지 않더라도 잘해낼 것이라고 믿기로 했다.

큰아이는 아무것도 모른 채 혼자서 중간·기말고사 대비 시험공부를 했다. 마치 예견된 것처럼 성적은 좋지 않았다. 오히려 성적이 자신의 기대에 못 미치자 큰아이가 자기 머리가 좋지 않은 것 같다면서 더 노력을 했다. 그 순간 나는 스스로 공부를 하도록 하는 것이 당연한 것임에도 불구하고 마치 도박을 하는 것 같은 심정으로 불안해졌다. 그때는 버티기가 참으로 어려웠다. 하지만 지나고 보니 내가 참 잘 참고 기다렸구나 하는 생각이 들었다.

큰아이는 이렇게 스스로 공부해본 경험이 있었기에 고등학교에서도 잘해내리라는 믿음이 있었다. 그러기에 고등학교 1학년 때도 수학·국어학원만 다닐 수 있었다. 시험 때면 오히려 다니던 학원도 쉬면서 혼자 시험공부를 했다. 큰아이는 영어·수학을 제외한 다른 과목을 전혀 준비하지 않고서 고등학교에 진학했기에 정말 불안했다. 내신 대비를 따로 하지 않았으니 학원이나 과외로 시험을 준비해야 하나 고민한 적이 한 두 번이 아니었다.

그런데 큰아이는 싫다고 완강하게 거부했다. 어쩔 수 없이 첫 학기 시험을 '연습 삼아' 본다는 심정으로 학원 보내기를 포기했다. 결국 큰아이는 자신이 없던 국어와 과학을 제외한 과목들을 혼자서 공부했다. 흡족할 만한 성적을 얻지는 못했지만, 다음에 더 잘 할 수 있다는 큰아이의 말에 오히려 위로를 받았다.

3년 터울인 작은아이가 고등학교를 다닐 때는 큰아이 때와는 분위기가 확연히 달라졌다. 거의 모든 아이들이 여러 과목을 학원에서 준비하는 분위기였다. 다른 아이들이 다 가는데 작은아이만 내신 대비 학원에 가지 않다 보니 몹시 불안했다. 작은아이가 혼자 공부해 보겠다고 해도 나는 여전히 걱정스러웠다. 이런 작은아이를 설득 끝에 내신 대비 학원에 보낼 수 있었다.

그런데 학원에 다녀온 작은아이는 학교에서 배운 것을 왜 학원에서 또 배우게 하냐며 볼멘소리를 했다. 학원에 가고 싶지 않다는 작은아이를 억지로 달래서 등록한 만큼만이라도 다니자고 설득했다. 하지만 고등학교에서 첫 시험을 본 작은아이는 학원이 전혀 도움이 되지 않는다며 그만둬 버렸다. 내신 대비 학원에 가지 않겠다는 의사를 확실히 밝혔던 것이다.

오히려 작은아이는 학원에 다니면 혼자 공부할 시간이 없어 성적이 더 안 나온다고 주장하기도 했다. 그 말도 옳다고 생각하여 그 이후로는 작은아이가 하고 싶은 대로 하게 했다. 작은아이는 혼자 공부하다가 모르는 것만 물어보러 학원에 가겠다고 했다. 내가 할 수 있는 일은 작은아이가 원하는 대로 내버려 두는 수밖에 없었다.

최근에는 학생부종합전형 때문에 내신이 중요시 되면서 오히려 사교육이 과열되고 있는 분위기다. 대학 입시 제도가 학생들을 학원으로 몰아 사교육비 부담만 가중시킨다는 기사도 쏟아져 나오고 있다. 사실 내신은 학교에서 배운 내용을 테스트하는 것이므로 혼자서 대비할 수 있어야 한다. 그런데 대부분의 학생들은 치열해진 내신 성적 때문에 거의 모든 과목을 학원에서 해결하고 있다. 또 다음 학기에 배울 과목을 미리 배워두기 위해 방학 동안 학원에 다니는 경우가 태반이다.

그뿐만인가. '국어 인증국어 능력 인증시험'이나 '국사 인증' 등 각종 인증 시험을 학원에서 해결해야 한다. 혼자 공부하면서 자기만의 공부법을 찾을 여력조차 없는 것이 현실이다. 이렇게 학원만 돌아다닌 아이들이 과연 언제 혼자서 공부할 수 있겠는가. 요즘 대학가에도 과외 선생님이 따로 있다는 말이 그냥 나온 얘기가 아닌 것 같아 씁쓸하기만 하다.

미국의 교육학자 리처드 라이트 교수가 미국 하버드 대학 학생 1,600명을 대상으로 공부 습관에 관한 연구 보고서에 따르면, 성적이 우수한 학생들에게 공통점이 있었다고 한다.

"우수한 학생들은 다양한 활동을 하면서도 공부하는 시간을 철저히 관리했다. 또 그들은 자신의 스타일에 맞는 공부 습관을 갖고 있었다."

Tips

1. 혼자 공부할 기회를 줘서 스스로 성취감을 느끼게 하자.
2. 학원에 가는 것이 꼭 필요한지 아이와 이야기를 나눠보고 결정하자.
3. 시행착오를 통해 자기만의 공부 방식을 찾을 수 있도록 지지해주자.
4. 학원이 아이를 무능하게 만들 수 있으니 학원에 너무 의존하지 말자.

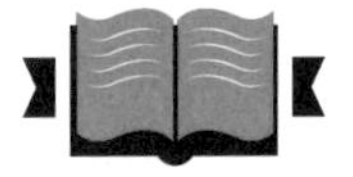

흥미와 재능을 아이 스스로 찾을 수 있게 돕는 길

아이들이 '만능인'이 되길 바라는가? 하지만 모든 걸 잘한다는 건 특별히 잘하는 게 없다는 뜻일 수도 있다. 만약 아이들에게 잘하는 게 한 가지라도 있다면 감사할 줄 알아야 한다. 많은 엄마들은 아이들이 공부를 잘하면서 음악·미술·운동도 '덤으로' 잘하기를 바란다. 엄마들의 이런 지나친 욕심 때문에 아이들의 재능을 일찍 살릴 수 있는 기회를 놓치는 경우가 허다하다.

그런데 내가 아는 지인은 그렇지 않았다. 그 지인은 부부 모두가 의사였는데, 아이가 뮤지컬을 하고 싶다고 하니 흔쾌히 허락했다. 의사 부부라면 아이도 의사가 되기를 바랄 것 같은데 의외다 싶어서 아쉬움이 없었는지 물어봤다. 그 지인은 자기 아이가 잘할 수 있는 게 무엇일까를 고민했다고 한다. 아이가 하고 싶은 것을 해야 즐겁게 잘할 수 있지 않겠나 싶어서였다고 한다. 내 마음까지 훈훈해졌다.

나도 우리 아이들이 잘할 수 있는 걸 찾아주고 싶었다. 하지만 정작 아이들이 무엇을 하고 싶은지, 무엇을 잘할 수 있을지 파악하기가 쉽지 않았다. 더욱이 세상은 빠르게 변하고 있는데, 이런 변화를 따라잡기가 너무나 힘들어져 가고 있었다. 이런 현실에서 아이들이 자신만의 개성을 살려 자기가 하고 싶은 일을 스스로 찾아가기를 바랄 수밖에 없었다. 지인의 말대로 좋아하는 일이면 즐겁게 할 수 있고, 또 잘하지 않을까 싶어서였다.

물론 나도 우리 아이들이 무엇을 하고 싶은지 파악하기 위해서 다양한 체험과 활동을 시도해 보았다. 큰아이와 작은아이 모두 초등학교에 입학한 후부터 학교생활에 중점을 두면서 다양한 교과 외 활동에 참여시켰다. 다행히 아이들은 다양한 것에 관심이 많았고, 무엇을 해도 재미있어 했다.

우리 아이들은 기본적으로 학교에서 요구하는 것들을 충실히 따라갔다. 당시 교장 선생님은 학생들이 한문을 배워야 한다는 확고한 신념을 가진 분이었다. 또 학생들이 책을 읽고 독후감을 쓰는 것을 의무화했다. 덕분에 큰아이는 독서 활동뿐만 아니라 한문 교육도 받을 수 있었다. 이런 교육 방침에 나는 마음속으로 지지를 보냈다. 우리글의 많은 부분은 한자어로 되어 있어 우리글을 이해하려면 한문 교육이 필요하다고 생각했기 때문이다.

게다가 우리 아이들은 음악·미술·체육도 하고 싶은 만큼 교육을 받을 수 있었다. 큰아이가 피아노 건반을 누를 때마다 소리 나는 것을 신기해하며 좋아했기에 피아노 수업을 받게 했다. 큰아이뿐만 아니라 작은아이도 싫다는 소리를 하지 않아 5년 이상 피아노를 배우게 했다. 두 아이 모두 혼자서 악보를 보고 곡을 칠 수 있을 정도의 실력을 갖췄다. 둘 다 고등학교 3학년 시절의 입시 스트레스를 피아노를 치면서 풀었다 해도 과언이 아니었다.

또 초등학생 때부터 축구팀 활동을 하다가 중학교에 들어가면서 농구를 시작했다. 두 아이 모두 남부럽지 않은 수준의 실력을 갖출 수 있었다. 특히 작은아이는 농구공을 가지고 등교를 할 정도였다. 수영은 친구들하고 함께 놀면서 배웠다. 재미있게 배운 수영도 선수급은 아니지만 잘한다는 소리를 들을 정도의 수준이었다. 미술도 꽤 오랫동안 배웠다. 미술을 전공한 선생님이 같은 아파트 단지에서 그림을 지도해 주었기 때문이다.

우리 아이들은 다행히 부담 없는 비용으로 이렇듯 다양한 활동을 즐길 수 있었다. 나는 아이들이 '보이는 성과'에 부담 갖지 않도록 나름 신경을 썼다. 아이들에게 '보이는 성과'를 기대하면 부담스러워서 중간에 그만두는 경우가 있다고 생각했기 때문이다.

이처럼 두 아이 모두 교과 외 활동을 오랫동안 해 왔다. 그런데 이상하게도 우리 아이들은 이런 활동들 중에서 어느 하나를 전공하고 싶다는 이야기를 꺼내지 않았다. 우리 아이들은 각자가 스스로 이런 활동들과 관련된 특별한 재주가 없다는 걸 알고 있었던 것 같다. 이를 단적으로 보여준 에피소드가 있다.

큰아이가 고등학교 2학년 때였다. 큰아이가 학교 행사에 나갔다가 우연히 대학교 무용학과 교수를 만났다고 한다. 그는 큰아이에게 몸의 비율이 좋다며 무용을 해볼 의향이 없느냐고 물었단다. 또 그 교수는 엄마 연락처를 알려주면 자기가 이야기해 주겠다고 했다고 한다. 그런데도 큰아이는 정중히 거절했단다.

"불행히도 제가 그런 재주가 없습니다. 게다가 제가 몸치에다 음치입니다. 그래서 공부밖에 할 것이 없습니다."

큰아이가 자신을 제대로 파악하고 자신의 길을 가는구나 싶어 내심 뿌듯하기도 했다.

대학 입시 전형 중에 학생부종합전형은 우리 아이들에게 더할 나위 없이 좋은 제도였다. 특히 일찍부터 경험했던 다양한 교과 외 활동들은 우리 아이들에게 큰 도움이 되었다. 적극적인 성격의 큰아이는 학교 행사와 대회에 참가하느라 쓰러질 정도였다. 하지만 그런 것들로 학생부를 차근차근 꽉 채울 수가 있었다. 물론 모든 행사에 무작정 참가한 것은 아니었다. 큰아이가 즐길 수 있고 관심이 있는 행사에만 참가하기도 벅찰 정도였다. 작은아이 또한 거의 모든 학교 행사에 적극적으로 참가했다. 특히 어렸을 때부터 해 왔던 독서경시대회나 영어 활동 관련 각종 대회에서 두각을 나타내기도 했다.

두 아이 모두에게 학교 행사에 참여하는 일은 입시를 위한 게 아니라 생활의 일부분이었다. 두 아이를 일찍부터 이 학원 저 학원으로 데리고 다녔더라면 아마도 이런 교과 외 활동들은 불가능했을 것이다. 오히려 스트레스도 많이 받고 고생만 했을지도 모른다.

그러나 솔직히 두 아이의 학년이 올라가면서 마음 한구석에 불안감이 있었던 것도 사실이다. 그럼에도 아이들이 즐겁게 하는 걸 보면서 그만두게 할 수는 없었다. 지금 생각해 봐도 그렇게 하길 참 잘했다는 생각이 든다. 특히 이런 다양한 경험을 통해서 두 아이가 무엇을 해야 하는지 스스로 파악할 수 있었던 것 같다. 게다가 스트레스도 풀고, 공부를 하는 데 필요한 에너지도 얻을 수 있었다고 생각한다.

우리 아이들은 잘할 수 있는 게 생기면서 자신감을 가졌다. 표정도 밝아지고 '적당히' 당당해 보였다. 무엇보다도 아이들의 정체성을 확립해 가는 것 같았다. 특히 아이들은 상을 받아도 자신이 기여를 많이 해서 받은 것만 좋아했다. 자신이 스스로 노력하지 않았는데 공동으로 참여해서 좋은 상을 받았다면, 그 상을 내세우고 싶어하지 않았다. 나 또한 아이들이 스스로 뭐든지 해보려는 이런 모습을 보면서 즐거웠다.

엄마들은 아이들의 장점을 살려주고 강화시켜 주어야 한다. 아이들 자신이 잘할 수 있는 것을 스스로 찾아낼 수 있도록 적극 도와주어야 한다. 성장하려고 노력하는 아이들을 칭찬해 주고 격려해 주어야 한다. 잘한다는 소리를 해 주고, 자신감도 불어넣어 주어야 한다. 자신감 있는 아이들은 정신적으로 건강하다. 이런 아이들은 자신을 사랑할 수 있을 뿐만 아니라, 다른 사람들도 사랑할 줄 안다. 아이들에게 '좋아하는 것'과 '잘하는 것'이 있다는 사실은, 아이들이 당당히 세상에 나갈 준비를 제대로 갖춘 것과 다를 바 없다.

Tips

1. 아이에게 공부 외에 다양한 활동을 먼저 경험하게 해주자.
2. 아이 스스로 자신이 잘할 수 있는 것을 찾아낼 수 있도록 도와주자.
3. 잘하는 것이 강점이 될 수 있도록 칭찬해주고 격려해주자.
4. 아이 스스로 자신감을 가질 수 있도록 환경을 만들어주자.

제 3 부

시기별 아이 교육 중점 포인트

유아기부터
초등학교
4학년까지

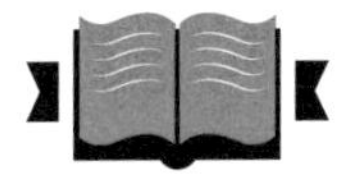

엄마가 읽어 주는 책은 독서가 아니라 사랑이다

대부분의 엄마들처럼 나도 아이들에게 많은 것을 해주고 싶었다. 그중 제일 해 주고 싶었던 것은 아이들이 책과 가까이 지낼 수 있도록 하는 것이었다. 나는 심하게 책에 집착했던 것 같다. 좋은 책들이 내 인생의 길잡이였기 때문이다. 고민거리의 답을 주었던 것도 책이다. 어려운 상황을 헤쳐나갈 수 있었던 힘도 책에서 얻었다. 면접에서 황당한 질문에 대답할 수 있었던 것도 책에서 얻은 지식과 지혜 덕분이었다. 적어도 이런 경험들은 한순간에 얻을 수 있는 자산이 아니었다.

내 삶에서 책이 아이들에게 왜 중요한지 일깨워준 사례들이 있다. 영어 과외 교사를 하던 시절에 많은 아이들을 겪으면서 깨달은 것이었다. 사실 아이들의 머리가 좋은지 나쁜지는 배우는데 있어서 그렇게 큰 영향을 미치지 않았다. 대신 아이들이 어떤 지적 경험을 했는지, 어떤 학습 습관을 갖고 있는지에 따라 결과는 현저히 달랐다. 이해를 잘하고 실력이 빨리 향상되는 아이들은 책을 꾸준히 읽은 아이들이었다. 이런 아이들은 무엇을 해도 어느 정도의 수준에 도달했다. 영어는 물론이고 국어·사회·과학 등에서도 그랬다.

반면 책을 읽지 않은 아이들은 이해력·사고력·독해력이 확연히 떨어졌다. 당연히 창의력은 기대할 수 없었다. 이런 아이들은 배경지식이 없어서 영어 독해를 하다가 금방 벽에 부딪쳤다. 비단 이런 현상은 언어 계통 과목에 한정되지 않았다고 생각한다. 이런 이유들 때문에라도 우리 아이들이 책과 친구가 되게 하고 싶었다.

주변의 엄마들은 내게 물었다.

"댁의 아이들에게 무슨 공부를 시켰어요?"

내 대답은 한결같았다.

"우리 아이들이 책을 많이 읽을 수 있게 해 주었어요."

책읽기는 우리 아이들이 학습 능력을 키우는 과정에서 가장 기초가 되었다. 나는 엄마들에게 아이들이 어릴 때는 책을 대여하지 말고 무조건 사 주라고 권했다. 아이들이 좋아하는 책들을 계속 반복해서 읽는 것이 좋고, 또 맘대로 펼쳐놓고서 책을 읽다 보면 찢어질 수도 있었기 때문이다.

물론 나는 우리 아이들에게 책을 사 주는데 돈을 아끼지 않았다. 1만 원짜리 임신복 하나 살 때도 고민을 많이 했던 내가 말이다.

100만 원어치 책을 사서 남편을 놀라게 한 적도 있었다. 작은아이를 늦은 나이에 낳아 노산이라고 이 검사 저 검사를 병원에서 권했다. 특히 기형아인지 확인하는 검사인 양수검사를 꼭 받으라던 때였다. 아이가 위험할 가능성도 높아 보호자 동의 사인이 필요했는데 남편은 사인을 해 주는 대신 나에게 반문했다.

"검사 수치가 좋지 않아도 낳을 거잖아. 그런데 왜 해?"

"검사 비용이 아까워서 묻는 거 아니고?"

남편은 몹시 황당해했다. 다음 날 남편이 "맛있는 것 사먹고 옷 사 입어"라며 양수검사에 쓸 돈 100만 원을 보내 왔다. 그 돈을 몽땅 책 사는 데 써 버렸다. 집에 돌아온 남편은 어이없어 하며 웃어 넘겼다.

나는 틈만 나면 우리 아이들에게 책을 읽어 주었다. 심지어 아이들하고 뛰어놀다가 잠깐 쉴 때조차도 아이들에게 읽고 싶다는 책을 읽어 주었다. 아이들이 원하는 책과 내가 원하는 책을 쌓아 놓고서 읽어 주었다. 대부분 창작동화·전래동화·위인전·과학동화·사회·문화·탈무드동화·동물·식물 등의 분야였다. 아이들이 다양한 것들에 관심을 가질 수 있기를 바랐기 때문이다. 이런 내 생활을 지켜보면서 친정엄마가 내게 던졌던 말이 지금도 생생하다.

"애들한테 책만 읽어주지 않아도 네 일이 절반으로 줄겠다."

마이크로소프트 사의 CEO였던 빌 게이츠가 독서의 중요성을 언급한 적이 있었다.

"오늘의 나를 있게 한 건 우리 마을의 도서관이었습니다. 하버드 대학 졸업장보다 소중한 것은 독서하는 습관입니다."

이미 고인이 된 애플 사의 창립자 스티브 잡스 또한 책에 대한 애착을 문학적으로 표현한 바가 있었다.

"내가 세상에서 가장 좋아하는 것은 책과 초밥이다."

이처럼 책은 세계를 이끌었던 사람들과 항상 함께하고 있다. 아이들이 책과 친해질 수 있도록 엄마들의 각별한 노력이 필요한 이유다.

Tips

1. 아이의 손이 닿는 곳에 책을 두자.

2. 다양한 책을 읽게 하자.

3. 책 읽기를 강요하지 말고, 아이가 책을 가까이 하도록 이끌어주자.

4. 아이가 원하는 책을 먼저 읽어주고, 부모가 원하는 책을 끼워 넣자.

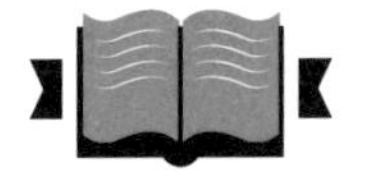

책도 장난감처럼 재미있게 찾도록 만들자

"우리 아이들은 책을 안 좋아해요."

이런 말을 들으면 안타깝다. 또 그 아이들이 책을 제대로 본 적이 있었는지 궁금해진다. 아이들이 책의 재미를 느낄 만한 기회가 없었으니까 책을 안 좋아하는 게 아닐까?

아무것도 모르는 아이들은 처음에는 장난감마저도 좋아하지 않는다. 잘 모르는 것을 무턱대고 갖고 놀기는 쉽지 않아 보인다. 하지만 대부분의 아이들은 즐겨보는 만화영화에 나온 친숙한 캐릭터 장난감을 좋아한다. TV광고나 친구들을 통해서 알게 된 장난감을 엄마에게 사달라고 조르기도 한다. 잘 알거나 친숙한 장난감을 가지고 놀면 재미도 더 커지기 때문이다.

책의 맛도 이와 마찬가지다. 모르고 좋아할 수는 없지 않겠는가.

책을 읽어야 책 속의 보물을 찾을 기회도 가질 수 있다. 아이들이 책 속에 '재미'라는 보물이 숨어있다는 걸 알 때까지 엄마가 함께 책을 읽어 주자. 그러면 아이들은 더 쉽게 책과 친해질 수 있다.

우리 집은 항상 어수선했다. 책이 늘 펼쳐져 있어서였다. 누가 오기라도 하면 정리를 하더라도 책을 한쪽으로 밀어놓는 게 전부였다. 아이들이 수시로 책을 꺼내다 보니 장난감과 함께 책이 돌아다녔다. 장난감을 가지고 놀다가 잠시 쉴 때는 책을 보곤 했다. 이렇게 늘 책이 돌아다니도록 한 것은 나의 '전략'이기도 했다. 일단 책을 산 뒤 여기저기에 두었고, 방마다 책장을 만들어 책이 손에 닿도록 했던 것이다. 책으로 채워진 작은 집에서 아이들이 책을 장난감처럼 갖고 놀기를 바랐기 때문이다.

나는 우리 아이들이 책을 좋아하도록 하기 위해 다양한 방법을 시도했다. 아이들이 책에 관심을 갖고서 읽어 달라고 하면 하던 일을 멈추고서라도 읽어줬다. 아이들의 관심은 기다려 주지 않았기 때문이다. 책을 읽어줄 때는 가급적 아이들이 책에 집중하도록 했다. 등장인물들의 목소리를 흉내내거나 주인공을 바꿔가면서 책을 읽어 주기도 했다. 때로는 아이들이 지루해할까봐 간단한 액션 놀이도 하면서 읽어 줬다.

자연스레 아이들은 계속 책을 읽어 달라고 했다. 나 또한 아이들이 싫증낼 때까지 읽어 주려고 애썼다. 이렇게 책 읽기는 내가 지쳐서 나가 떨어질 때까지 계속 되곤 했다. 책을 읽어 주는 데 많은 시간과 에너지를 쏟아야 했다. 한번은 감기에 걸려서 목소리가 잘 나오지 않았는데 그때도 꾹 참고 계속 책을 읽어 주었다. 그러다가 목소리가 나오지 않아 오랫동안 고생하기까지 했다.

저녁식사 후 잠들기 전까지는 우리 아이들과 책 읽는 시간이었다. 큰아이에게 책을 읽어 주는 일은 하루도 거르지 않았다. 둘째를 낳으러 병원에 있는 동안에도 남편더러 병원에 오지 말고 큰아이에게 책을 읽어 주라고까지 했다. 그 당시 나는 큰아이에게 책을 읽어 주지 않으면 큰일이 나는 줄 알았다.

우리 아이들이 책을 읽지 않아도 "책 읽어라" 등과 같은 말은 하지 않았다. 아이들이 책과 자연스럽게 친구가 되기를 바랐기 때문이다. 또 책 읽는 게 숙제가 되면 얼마 못 간다는 것도 알고 있었기 때문이다. 아이들이 놀고 있는 방에서 내가 책을 읽고 앉아 있으면 아이들은 곧바로 시샘했다. 그러다가 어느 순간에 아이들은 노는 것을 멈추고 책을 가져와 읽어 달라고 졸라댔다. 혹시라도 책을 읽어 달라고 하지 않으면 나는 아이들과 함께 책을 볼 기회를 엿봤다. 일단 아이들하고 뒹굴뒹굴 누워 놀다가 머리를 쓰다듬어 주면 아이들은 내 옆에 누워 강아지들처럼 좋아했다. 그 순간을 놓칠세라 큰아이에게 한마디 던졌다.

"우리 큰아이가 책을 안 보니 머리에 벌레가 생기는 것 같네."

그러면 큰아이가 벌떡 일어나 책을 들고 와서 읽어 달라고 했다.

이처럼 책 읽기는 나와 아이들에게 생활이었다.

두 아이를 키우면서 책 때문에 생겼던 해프닝도 많다. 친구네 집에서 놀고 온 큰아이가 놀란 얼굴로 내게 다가와 말했다.

"엄마, 친구 방에는 책이 없어요."

나는 큰아이가 책이 없는 친구 방을 이상하게 여긴다는 사실을 알고 큰아이에게 살짝 귀띔했다.

"그 친구는 도서관에서 책을 빌려보나 봐."

이뿐만이 아니었다. 큰아이 반 모임에 나갔을 때다. 한 엄마가 큰아이에 대해 이상한 말을 했다. 큰아이가 놀러 왔는데 집에 들어오더니 이 방 저 방을 두리번거리며 뭔가를 찾고 있었다는 것이다. 나는 큰아이가 집에 오자 간식을 챙겨주면서 조심스럽게 물었다.

"친구네 집에 놀러 갔잖아. 그런데 거기서 이 방 저 방 다니면서 뭘 찾았어?"

큰아이의 대답은 의외였다.

"책이요, 재미있는 책이 있나 봤어요."

큰아이는 친구들 집에 놀러가면 책을 빌려오곤 했다. 하루는 큰아이 친구의 엄마가 갑자기 우리 집에 빵을 사들고 왔다. 큰아이가 친구에게 책을 빌려 달라고 했는데 친구가 빌려 주지 않았다면서, 친구 엄마가 미안하다며 빵을 사 온 것이었다. 친구 엄마의 마음을 알면서도 나는 뻘쭘해졌다. 민망해서 나는 그 빵을 받을 수가 없었다. 큰아이는 친구 집에서조차 '이상한' 아이가 되어 있었던 것이다.

작은아이를 통해서도 아이들이 어떤 환경에 있느냐에 따라 달라질 수 있음을 경험했다. 작은아이는 시골 할머니 집에서 1년 정도 살다 왔다. 이후 서울집에 돌아온 작은아이는 〈애국가〉를 시도 때도 없이 불러댔다. 어디서 배우지도 않았을 터라 이상하게 생각하고 있었다. 우리 집 거실에 TV가 있기는 해도 켜는 경우는 별로 없었다.

그런데 작은아이는 항상 TV를 켰다. 작은아이가 장난감을 갖고 놀길래 살짝 TV를 끄면 "앙!" 하고 울었다. 그때 TV에서 정규방송이 시작하거나 끝나면 〈애국가〉가 나오는 걸 알게 되었다. 작은아이는 아이들 프로그램을 아예 몰랐지만, 모든 시간대별 드라마 제목은 거의 알고 있었다. 할머니랑 앉아서 매일 TV만 보다가 'TV 중독'에 걸린 것은 아닌지 의구심이 들 정도였다. 작은아이는 TV가 시작할 때부터 끝날 때까지 TV를 보면서 〈애국가〉까지 따라 부르게 됐던 것이다.

그것을 알게 된 순간 '쿵' 하고 뭔가가 내 머리를 내리치는 것 같았다. 나는 도대체 작은아이에게 무슨 짓을 했단 말인가. 시간을 되돌릴 수만 있다면 돌리고 싶었다. 할머니 집에서 살다가 오랜만에 만난 작은아이를 혼낼 수도 없었다. 어쩔 수 없이 작은아이가 하고 싶은 대로 놔둘 수밖에 없었다. 얼마 동안은 TV를 켜놔도 참았다.

그러나 나는 나름대로 작은아이에게 책도 읽어 주고 바깥 놀이도 자주 같이 하곤 했다. 좀처럼 작은아이는 바뀌지 않았다. 친구들과 밖에서 놀았어도 집에 들어오면 바로 TV를 켰다. 처음에는 내가 살짝 TV를 끄면 작은아이는 짜증을 내고 다시 TV를 켰다.

한동안 이런 실랑이를 벌였지만 얼마 지나지 않아 작은아이는 점점 달라졌다. 작은아이가 다른 데 몰입하고 있을 때 TV를 몰래 꺼도 울지 않게 되었다. 틈만 있으면 작은아이 쪽으로 책을 쓱 밀어 넣었다. 작은아이가 스스로 책을 주워 들어 펴게 하기 위해서였다. 작은아이에게는 미안한 마음 탓에 목이 터지도록 책을 읽어 주기도 했다.

그즈음 원목으로 된 장난감을 작은아이가 스스로 만지고 구성해서 표현하는 놀이를 시작했다. 수학 원리를 이용해 고난이도 형체들을 만드는 수업인데, 담당 선생님이 우리 집에 직접 방문해서 가르치는 교육이었다. 하루는 선생님이 나를 불러 말했다.

"어머님, 작은아이가 인지 능력이 떨어져요."

그럴 것이라고 생각하고 있었기에 놀라지는 않았다. 다행히 작은아이는 그 수업을 좋아했다. 선생님에게 작은아이의 사정 이야기를 해주면서 나도 작은아이와 같이 노력하고 있다고 말했다. 작은아이에게 맞춰서 천천히 수업해 달라고 선생님에게 부탁까지 했다. 선생님은 작은아이와 같이 책도 읽으면서 잘 이끌어 주었다. 그러던 어느 날 선생님이 나를 또 부르길래 놀라서 달려갔다. 작은아이가 만든 거북선을 보여 주면서 선생님은 흥분된 어조로 말했다.

"어머님, 작은아이가 굉장히 창의적이네요! 이것 보세요!"

한동안 그 거북선은 우리 집 피아노 위에 놓여 있었다. 그후로 작은아이가 인지 능력이 떨어진다는 소리를 들어본 적이 없었다. 나의 노력이 헛되지 않았구나 싶어 눈물이 날 정도였다. 사실 작은아이가 나아지지 않을까봐 걱정했다. 나를 심하게 자책하면서 해 보는 데까지 최선을 다해 보겠다며 매일 기도하는 마음으로 살았다. 이런 지극한 정성 때문인지 몰라도 작은아이는 TV를 켜는 일도 잊은 것 같았다. 작은아이는 한글을 떼고 나서는 혼자서 많은 책을 읽었다. '형이 보는 저 책 속에 무엇이 있을까?' 궁금해서였는지 혼자서 다독을 즐기는 것 같았다.

언젠가 학교에서 돌아오는 작은아이를 길에서 만났다며 친구 엄마가 말해 주었다.

"작은아이가 너무 위험해요. 책을 읽으면서 걸어요."

친구 엄마는 작은아이가 너무 위험해 보여 일부러 작은아이를 불러 아는 척했다고 한다. 나는 깜짝 놀라서 작은아이에게 주의를 주었다. 다음 날 작은아이가 오는 걸 지켜봤다. 작은아이는 또 책을 읽으면서 오고 있었다. 쫓아가서 호되게 혼냈다. 이렇게 책은 우리 아이들의 친구 이상이 되고 있었다.

사람들은 마치 우리 아이들이 선천적으로 책을 좋아하는 것처럼 말했다. 내가 미친 듯이 노력했다고 말해도 소용없었다. 숫제 믿으려 하지 않았다. 어쩌겠는가. 평양 감사도 저 싫으면 그만인데, ….

작은아이도 늘 TV만 보다가 TV를 끄고 책을 읽는 식으로 환경이 변화되는 과정에서 많이 힘들어했다. 하지만 나의 지속적인 관심으로 좋은 방향으로 달라질 수 있었다. 'TV중독'에서 벗어나 책을 좋아하는 아이로, 인지 능력이 부족한 아이에서 똑똑하고 창의력 있는 아이로 바뀌었다.

우리 아이들의 사례에서 보듯이, 아이들이 책을 좋아하는 건 타고난 게 아니라 환경에 따라 달라질 수 있다는 점이다. 부모들의 관심과 정성이 필요한 이유가 여기에 있다.

Tips

1. 아이가 책에 흥미를 보일 때까지 엄마들이 책을 읽어 주자.
2. 아이가 관심을 갖고 집중할 수 있는 책 읽기 방법을 찾자.
3. 언제라도, 어디서라도 책을 집어들 수 있는 환경을 만들자.
4. 책 읽는 시간대를 정해두되, 잠자기 전에 책 읽기를 추천한다.

정답 찾기가 아닌
상상의 날개를 펼치기

우리 아이들의 상상력을 키워주는 데는 그림책이 좋았다. 글을 읽기 전에 그림을 보면서 이야기를 나누며 상상의 세계에 빠져 볼 수 있었다. 그림책을 읽어 주는 동안 아이들은 나의 목소리를 들으며 그림들을 구석구석 봤다. 아이들은 중간중간에 고사리 같은 손가락으로 그림을 가리키며 부연 설명도 했다. 아이들은 이미 이야기 속 나라에 들어가 있었던 것이다. 아이들이 꾸미는 이야기는 책 속에 있는 이야기보다 더 재미있을 때도 있었다.

우리 집에는 책이 많았는데, 주로 전집류였다. 단행본은 도서관에서 빌렸다. 때론 서점에 가서 우리 아이들이 보다가 갖고 싶어 하는 책을 사 주기도 했다. 또 당시 창작동화나 추천도서, 그리고 다양한 지식에 관한 책들 등으로 구성된 책 대행 서비스도 이용했다. 매주마다 단행본 4권씩이 집으로 배달되는 이 서비스로 내가 챙기지 못한 책들까지 아이들에게 읽히겠다는 욕심에서였다. 일주일 동안 거의 매일 반복해서 보고 반납해 주었다.

어느 날 그 책들 중에 《글자 없는 그림책》이 있었다. 우리 아이들이 책을 많이 읽었다고 자부한 나는, 《글자 없는 그림책》이 아이들의 상상력을 풍부하게 해주리라 기대했다. 예상과 달리 아이들은 생각보다 편하게 이야기를 끄집어내지 못했다. 특히 큰아이의 반응이 뜻밖이었다. 계속 침묵하고 있었던 것이다.

큰아이는 책을 읽으며 보낸 시간이 엄청난 데도 입을 떼지 못한 채 보고만 있었다. 내가 먼저 이야기를 만들어 시범을 보인 뒤 큰아이에게 이어서 말해보라고 했다. 큰아이는 아주 조심스럽게 이야기를 꺼내면서 큰아이는 "엄마, 정답이야?"라고 물었다.

'아~ 이런, 큰아이는 정답을 찾으려고 했었구나.'

이전에는 보통 책 제목이나 표지에 크게 써진 낱말들을 힌트 삼아 큰아이와 함께 이야기를 꾸며내곤 했다. 큰아이는 제목으로 자기만의 이야기를 곧잘 풀어냈다. 큰아이가 이야기를 끝낼 때마다 나는 무의식적으로 "정답이야!"라고 소리치며 칭찬해 주었던 것이다.

사실 큰아이는 한글을 배울 때부터 "맞았다! 맞았다!" 하는 내 소리를 듣고 자랐다. 《글자 없는 그림책》은 제목도 없으니 큰아이는

'틀리면 어쩌나? 답이 뭐지?' 하며 고민하느라 침묵하고 있었던 것 같다. 그 당시 큰아이는 6살, 작은아이는 3살이었다. 글자를 모르는 작은아이는 처음에는 조심스럽게 그림을 읽는 것부터 시작했다. 조금 지나더니 그림을 보고 신나게 자기 이야기를 하고 있었다. 평상시에도 작은아이는 글이 있는 그림책의 그림만 보면서 엄마한테 책을 읽어 주곤 했다. 글자를 모르는 아이라 '맞다/틀리다'를 따지지 않았다. 그저 작은아이가 꾸며내는 이야기를 듣는 게 재미있었다. 그래서인지 작은아이는 《글자 없는 그림책》을 아무 거리낌 없이 줄줄 읽어 나갔다. 큰아이와 달리 작은아이는 그림만 보고서도 이야기를 잘 꾸며냈다.

나는 두 아이가 유연성 있는 사고방식을 가지기를 바랐기에 정답만 찾는 교육은 하지 않으려고 했다. 그런데 큰아이를 격려해준다면서 무심코 던졌던 말이 큰아이에게 '맞다/틀리다'라는 이분법적 사고를 심어 주었던 것 같다.

문득 내가 어학연수 갔을 때의 수업시간이 떠올랐다. 그때만 해도 외국어 배우는 게 지금과는 많이 달랐다. 나를 비롯한 한국인들과 중국인들은 문법을 아주 잘했다. 문법 시험을 보면 거의 다 맞을 정도였다. 그런데 말하기 수업 때는 조용히 앉아 있었다. 심할 때는 교수님과 눈을 마주치지 않기 위해 고개를 숙이기도 했다. 혹시라도 질문을 시키지 않을까 걱정했기 때문인 듯하다.

그러나 프랑스·스페인·이탈리아 등에서 온 학생들은 달랐다. 교수님이 묻는 말에 대답을 척척 해냈다. 심지어 한 단어로 답하면 되는데도 장황하게 설명했다. 교수님은 계속 고개를 끄덕이며 들을 뿐, '맞다/틀리다'라는 평가는 절대 하지 않았다. 교수님은 계속 "그럴 수도 있다"며 받아 주는 것 같았다. 다른 외국인들은 '정답'과는 아무 상관이 없는 말을, 그저 자기 생각을 자기만의 스타일로 표현하고 있었던 것이다.

교수님은 언어를 가르치고 있어서 그랬는지 학생들에게 말을 많이 시키려는 듯 보였다. 다른 외국인들은 자신을 표현함에 있어서 자기 생각을 자연스럽게 이야기하는 데 익숙해 보였다. 그런데 한국 학생들은 정답을 찾으려 했는지 주저주저했다. 그때 이후 나도 어떻게든 내 생각을 이야기해 보려고 노력했다. '정답은 없어. 내가 하는 말이 정답이야!'라고 되뇌며 용기를 내어 말했던 기억도 있다.

그런 문화 충격을 받고서야 '단답식 우리 교육'의 문제점을 다시 한 번 확인할 수 있었다. 그런데 같은 실수를 내가 우리 아이들에게 되풀이하고 있었던 것이다. 큰아이를 칭찬한다고 계속 '정답이야'라고 말하면서 큰아이의 자유로운 생각을 나도 모르게 가두어 버렸던 것이다. 그나마 더 늦기 전에 《글자 없는 그림책》을 만날 수 있었던 게 행운이었다. 그 책을 일주일 정도 보고 나니 큰아이는 금방 적응하면서 재미있어했다. 이후 '맞다/틀리다'라는 말은 내 입에서 사라졌다.

그후 언젠가 큰아이가 초등학교 1학년 때 할아버지·할머니가 있는 시골집에 가면서 큰아이가 재미있는 이야기를 해 주겠다고 했다. 시골집까지는 자동차로 3시간 30분 정도 걸렸는데, 큰아이는 가는 내내 이야기를 했다. 추임새까지 넣어 가면서 이야기를 재미나게 풀어냈다. 거의 도착할 때쯤 큰아이에게 물었다.

"네가 해 준 그 이야기들 네가 만든 이야기지?"

큰아이는 깜짝 놀랐다.

"엄마 어떻게 알았어?!"

역시 큰아이는 자기도 이야기를 꾸며낼 수 있다는 것을 보여 주고 싶었던 것 같다. 그때 나는 '정답만을 강요하지 말아야겠다'고 다시 한 번 다짐하게 되었다. 아이들과 함께 《글자 없는 그림책》을 보면서 아이들만의 상상력에 빠져 들어가다 보면 훨씬 흥미진진한 이야기보따리가 펼쳐질 것이다.

독일의 유명한 시인이며 문학가인 괴테는 "내가 작가가 될 수 있었던 건 어머님의 영향 덕분"이라고 말했다. 괴테의 어머니는 고작 독일어를 읽고 쓸 수 있는 정도의 교육만 받았다고 한다. 그녀는 밤마다 어린 괴테에게 동화책을 한 권씩 읽어 주면서 끝까지 읽어 주지는 않았다고 한다. 책을 덮고서는 어린 괴테에게 나머지 이야기를 완성하라고 시켰던 것이다. 어린 괴테는 이야기의 결말을 완성시키기 위해 늘 생각할 수밖에 없었고, 아마도 어린 괴테의 상상력과 창의력은 그렇게 만들어졌는지도 모른다.

Tips

1. 그림책을 읽기 전에 아이와 함께 그림을 보면서 같이 이야기해보자.

2. 아이의 이야기를 틀에 맞추지 말고, 재미있고 신나게 들어주자.

3. 그림책을 읽어 주면서 아이가 자신의 느낌대로 표현하게 하자.

4. 아이가 아직 글을 모른다면, 그림책을 아이에게 읽어달라고 해보자.

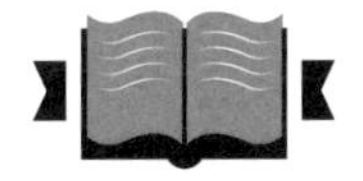

분리불안을 치유하고 정서적 안정감을 형성하기

어른들에게든 아이들에게든 정서적 안정은 중요하다. 정서적으로 안정되지 않으면 이성적 사고나 합리적 판단이 어렵기 때문에 고차원적 사고도 할 수 없어서 공부를 하는 게 더더욱 힘들어진다.

사실 누구든 감정이 소용돌이치면서 아무것도 할 수 없었던 경험이 한 번이라도 있을 것이다. 이럴 때면 어른들은 스스로 감정을 추슬러 정서적 안정을 구하지만, 아이들은 그럴 능력이 아직 없다. 아이들은 학업에 따르는 스트레스만으로도 힘들어하기 때문이다. 그런 만큼 어른들은 아이들에게 공부하라고 말하기 전에 정서적 안정을 찾을 수 있도록 도와 주어야 한다.

사람들은 많은 기억을 가지고 살아간다. 자잘한 기억 중에는 좋았던 일에 대한 추억도 많지만, 끔찍한 일을 당해 생겨난 트라우마도 있다. 특히 어렸을 때 정서적 충격을 받아 생겨난 트라우마는 어른들이 된 뒤에도 악영향을 미친다. 아이들의 정서적 상태는 말과 행동으로 드러나기도 해서 어른들은 아이들과 자주 대화하면서 이해하려고 노력해야 한다.

나는 우리 아이들과 책을 읽으면서 같이 느끼고 대화하며 관계를 만들어 갔다. 이런 관계 형성이 얼마나 중요한지는 아이들이 사춘기를 겪었을 때 비로소 체감할 수 있었다. 큰아이는 친정엄마가 사는 곳에서 낳았다. 그곳에서 한 달쯤 산후 조리를 하고 난 후 나만 서울로 왔다. 큰아이는 그곳에 남아 외할머니·외할아버지와 살았다. 외할머니·외할아버지가 애지중지 키웠는데도 주말에 나를 보면 낯설어하지 않았다. 그때 나는 엄마이기 때문에 큰아이와 단단한 끈으로 묶여있는 존재임을 실감할 수 있었다.

두 돌이 지나 나와 같이 집에 올 때도 큰아이는 내 손을 꼬옥 잡고 즐거워해서 외할머니가 섭섭해할 정도였다. 그때만 해도 큰아이가 아무것도 모를 나이여서 환경의 변화에 둔감할 것이라고 가볍게 여겼다. 하지만 나의 예상은 보기 좋게 빗나가 버렸다. 큰아이는 나랑 지내면서 오히려 불안해했다. 내가 자리를 비우면 울고, 내가 밖으로 나갈까봐 지키고 있었다. 자기가 잠이 들 때까지 자기 옆에서 지켜 주기를 원했다. 책 읽어 준 후 잠을 자라고 일어서면 무섭다고 울며불며 매달리기도 했다.

아이를 키워 본 사람이라면 아이와 종일 함께하기가 얼마나 힘든 일인지 알 것이다. 늘 쏟아지는 일들이 많았지만 미뤄둬야 할 정도였다. 큰아이를 재우고 나면 할 일이 산더미 같이 쌓여 있어 짜증이 나기도 했다. 남편도 나를 도와 줄 형편이 못 되었다. 게다가 작은 아이도 있어 혼자 힘으로는 역부족이었다. 매일 낑낑거리면서 하루하루를 보냈다. 그때만 해도 큰아이가 어려서 그러려니 하고 참아 냈다. 그런데 초등학생이 되어서도 큰아이는 계속 엄마를 찾았다. 내가 나가면 들어올 때까지 계속 전화했다. 밤에는 여전히 자기가 잠들 때까지 옆에 있으라고 했다.

나는 하도 힘들어서 주변 사람들에게 조언을 구했다. 그중 한 분이 대뜸 내게 물었다.

"아이가 젖먹이 때, 떼어 놓은 적 있어요?"

이런 아이는 엄마가 없으면 심한 불안감을 보인다고 했다. '그래서 어쩌라고!' 하는 심정으로 시간을 보냈다. 시간이 지나면 나아질 것이라고 믿었기 때문이다. 하지만 시간이 지나도 큰아이는 나아질 기미를 보이지 않았다. 나는 더욱 지쳐 갔다. 계속 이렇게 살 수는 없다고 판단하고 문제를 해결해 보기로 적극 나섰다.

우선 큰아이에게 상처를 줬다는 사실을 받아들였다. 상처를 준 내가 빚을 갚는 심정으로 치료해 보겠다고 단단히 마음먹었다. 2년 동안은 큰아이를 떼어 놓았으니 4년 동안은 노력해 보자고 마음을 다졌다. 그 이후에 큰아이가 '엄마가 항상 함께하고 있다'는 사실을 인식할 수 있도록 몇 가지 방법을 실천해 보기로 했다.

일단 당분간은 늘 해 왔듯이 큰아이 곁을 항상 지켜 주기로 했다. 그전에는 의무감으로 했지만, 이번에는 다르게 접근했다. 학교에서 돌아오는 큰아이를 위해 맛있는 간식을 해 놓고 집에서 기다렸다. 나도 함께 있는 것을 너무 좋아한다는 사실을 큰아이가 느끼게끔 해 주기 위해서였다. 또 큰아이와 함께할 수 있는 걸 새롭게 찾기보다는 지금까지 해왔던 '함께 책 읽기'를 활용했다. 이때부터 큰아이와 더 가까이 앉은 채 책을 읽으면서 많은 이야기를 나누었다. 친밀감을 더 많이 느끼게 해 주기 위해서였다.

함께 책 읽는 시간은 나와 큰아이 둘만의 시간이었다. 큰아이에게 책을 읽어 주면서 내 생각을 슬쩍 이야기해 보기도 했다. 그러면 큰아이도 질세라 자신의 생각을 표현하기 시작했다. 또 책속의 주인공이 되어 서로 질책하거나 위로하면서 시간을 보낸 적도 있었다.

두 아이와 함께 《늑대와 일곱 마리 아기염소》를 읽었을 때다. 큰아이는 엄마염소가 없을 때 아기염소들이 엄청 무서워했던 걸 자세히 설명했다. 아기염소를 두고 간 엄마염소를 원망하기까지 했다.

드디어 내게 변명할 기회가 주어졌다. 아기염소들이 무서웠을 것이라고 솔직하게 인정했다. 그랬더니 큰아이는 신이 났는지 아기염소들이 어떻게 무서워했는지를 이야기했다. 그때 나는 슬그머니 엄마염소를 변명해 줬다. 엄마염소가 꼭 해야 할 일이 있어서 나갈 수밖에 없었다는 식으로 말이다. 나는 엄마염소도 아기염소들을 많이 걱정했다고 말하면서 이 말도 덧붙였다.

"아무에게도 문을 열어 주지 말라고 교육시켰잖아?"

그러면서 엄마염소가 돌아오겠다는 약속을 지켰고, 아기염소들을 구해 줬다는 내용을 강조했다. 큰아이는 이해하고 있다는 듯이 그저 눈만 깜빡거렸다. 시간이 흐르면서 나 자신이 달라지는 걸 느꼈다. 아이들과 함께 일로 했던 책 읽는 시간이 편해지고 즐거워졌다. 아이들도 엄마인 내가 사랑하고 있다는 것을 느끼고 있어서였던 것 같다.

우리 아이들 또한 점점 달라졌다. 그전에는 아빠한테 아이들을 맡기고 외출하면 큰아이는 내가 들어올 때까지 계속 전화를 해댔다. 그런데 어느 날부턴가 큰아이는 나를 애타게 찾는 전화를 더 이상 하지 않았다. 외출할 일이 생기면 큰아이에게 정확하게 "몇 시에 돌아올게"라고 약속했고, 약속한 시간을 꼭 지켜 돌아왔다. 몇 번을 반복했더니 큰아이는 엄마가 돌아오는 것조차 신경 쓰지 않을 정도가 되었다.

엄마랑 책을 읽고 난 후 잠들 때까지 같이 있어 달라고 했던 큰아이가, 동화 CD를 들려 주면 오히려 나더러 나가라고 했다. 큰아이는 더 이상 불안해하지 않았다. 드디어 큰아이와 나 사이에 신뢰 관계가 생겼구나 싶어 너무 좋았다.

큰아이에게도 고등학교 3년은 힘든 시기였다. 큰아이는 답답하고 지루한 것을 유난히 견디기 힘들어했던 것 같다. 오죽하면 큰아이가 고등학교를 졸업할 수 있을지 걱정까지 했을까. 다행히 큰아이는 친구들과 운동하거나 놀면서 시간을 보내려고 애쓰며 잘 버텨 주었다.

큰아이는 정규 수업시간에만 학교에 있었다. 학교에서는 방과 후 수업은커녕 자습실도 이용하지 않았다. 선생님이 도대체 큰아이가 어디서 뭐 하느냐고 물을 정도였다. 학교가 답답했던 큰아이는 정규 수업만 마치고 쏜살같이 집으로 왔다. 큰아이에게 고등학교 3년 과정은 이렇듯 인내를 요구하는 시간이었다.

나와 큰아이가 보낸 시간들이 헛되지는 않았던 것 같다. 책을 읽으면서 이야기를 나눴던 시간은 고3 시절의 힘든 시기를 견뎌내는 큰 힘이 되어 주었다. 큰아이는 이야기를 하면서 자신의 감정을 추스르며 안정을 찾곤 했다. 큰아이는 힘들 때마다 엄마한테 힘든 점을 솔직하게 말해 줬다.

극단적인 말을 할 때도 있었다. 그럴 때마다 나는 큰아이에게 놀란 마음을 들키지 않으려고 애썼다. 태연하게 들어 주고, 큰아이가 가급적 편안해질 때까지 무조건 참고 기다려 주었다. 이런저런 이야기를 나누면서 함께 걷다 보면 큰아이는 언제 그랬냐는 듯 감정을 스스로 정리해내곤 했다. 큰아이와 나 사이의 관계가 단단했기에 가능하지 않았을까 하는 생각이 들었다.

그래서일까? 큰아이는 내가 감정 코칭을 잘해 줬다고 말한다. 그보다는 큰아이가 나와 이야기하면서 자신의 감정을 스스로 정리할 수 있는 능력이 생겼던 것 같다. 큰아이 스스로 문제를 해결할 만큼 건강하고 안정된 정서를 가졌던 것이다. 나는 큰아이가 어렸을 때 책을 읽어 주면서 이야기했던 것처럼 그저 들어 주고 큰아이 마음이 편해질 때까지 기다려 주었을 뿐이다.

부모와 아이들 간의 좋은 관계는 아이들의 정서적 안정에 중요하다. 아이들의 정서적 안정은 또래 관계에도, 사회적 관계 형성에도 좋은 영향을 미친다. 어떤 상황에서도 자신은 물론 상대방의 감정을 빨리 읽고 대처해 나갈 수 있기 때문이다. 따라서 아이들이 공부하기를 바란다면 아이들이 정서적으로 안정될 수 있도록 부모가 도와주는 것이 우선이 아닐까 싶다.

Tips

1. 아이의 정서적 안정은 학습 활동에도 사회생활에도 매우 중요하다.
2. 책은 엄마와 아이가 소통하는 좋은 창구이므로 잘 활용해보자.
3. 책을 읽으면서 아이가 자신의 감정을 표현할 수 있도록 이끌어보자.
4. 아이가 드러낸 감정을 부모는 평가하지 말고 인정해주자.

생각주머니를 키워주는 독서의 힘

공부는 누구도 대신해 줄 수 없는, 말 그대로 각자의 몫이다. 사실 아이들이 공부를 하고 싶을 수도 있고, 공부 아닌 다른 것을 좋아할 수도 있다. 아이들은 각자의 '그릇' 크기 만큼 살아간다고 생각한다. 그래서 나는 우리 아이들이 자신들의 '그릇'을 만들어 나갈 수 있도록 어떻게 도움을 줄지 고민했다.

우리 아이들이 공부를 하고 싶을 때 공부할 수 있는 역량을 키워주고 싶었다. 그 기반을 닦는 것이 다양한 책 읽기라고 생각했다.

독일의 대문호 마르틴 발저는 독서의 중요성을 다음과 같이 설파한 바 있었다.

"우리는 우리가 읽은 것으로부터 만들어진다."

우리 아이들은 태어나면서부터 스스로 할 수 있는 나이가 될 때까지 언어영역에 많은 시간을 쏟았다. 영어를 배울 때는 다양한 내용의 영어책을 많이 읽게 해 주었다. 두 아이는 성장하면서 키는 물론 '생각주머니'도 함께 키워 나갈 수 있었다. 이를 위해 책만큼 좋은 게 없었다고 단언할 수 있었다.

책을 읽으면 시간과 돈을 많이 들이지 않고도 세계 여러 나라를 단박에 다녀올 수 있었다. 직접 다녀오지 않아도 우리는 그 나라의 문화에 대해 이야기할 수 있었다. 그뿐이던가. 수학·사회·과학에 대한 지식도 책에서 얻을 수 있었다. 생각의 크기는 물론 생각의 깊이도 성숙해졌다. 책 읽기를 통해 우리 아이들은 일찍부터 자기들이 해야 할 것과 하지 말아야 할 것을 자연스레 체득해 나갔다.

어느 날 큰아이를 혼내다가 소리를 질렀다.

"너는 왜 이리 핑계가 많니?"

이를 보던 유치원생인 작은아이가 불쑥 대화중에 끼어들었다.

"엄마, 맞아요. 핑계 없는 무덤 없데요."

작은아이가 귀엽기도 하고 기특하기도 해서 나는 어쩔 줄 몰랐다. 그 상황에서 야단맞던 큰아이가 먼저 웃는 바람에 나도 웃음을 참지 못했다. 나중에 작은아이에게 그런 말을 어디서 배웠냐고 물었더니 속담풀이 만화책에서 읽었다고 한다. 좀 늦다며 걱정했던 작은아이가 책에서 배워 형을 변호해준 셈이 되었다.

우리 아이들이 초등학생일 때 마르크 샤갈의 그림들을 전시한 '샤갈전'이 덕수궁에서 열린 적이 있었다. 남편은 봉사하는 마음으로 가족 모두와 함께 '샤갈전'에 갔다. 깜짝 놀랄 정도로 사람들이 많았지만, 남편은 돌아가자는 소리도 못하고 긴 줄에 서서 기다려야 했다. 겨우 입장해서 들어갈 수 있었지만 보기 위해서 또 줄을 서야 했다.

그 와중에도 우리 아이들은 그림들을 진지하게 봤다. 《그리스-로마 신화》에서 본 신들의 이름을 줄줄이 말하면서 그림을 설명하기도 했다. 남편과 나는 이런 아이들을 보고 깜짝 놀랐다. 역시 책으로 기본을 쌓더니 다양한 분야에서 활용할 수 있구나 하는 생각이 들었다. 갑자기 남편은 큰아이를 목마 태웠다. 많은 사람들 속에서 큰아이가 그림을 잘 볼 수 있도록 해주고 싶어서였다. 꽤 긴 시간을 돌아다녔는 데도 남편은 힘들다는 소리조차 하지 않았다. 남편은 아이들이 무척 기특했던 모양이다.

독서가 아이들의 독해력·이해력·사고력·통찰력·창의력을 키워준다는 학원 광고 문구는 무수히 많았다. 책을 읽는 게 공부하는 데 큰 도움이 되었던 것도 사실이다. 하지만 학원에 다닌다고 좋아질 것 같으면 모두 학원에 보냈을 것이다. 그런데 현실은 그렇지 않았다. 그럼에도 '이번에는 다르겠지! 하는 생각으로 '잘못된' 판단을 내리고선 학원을 보내곤 했다.

큰아이 선배의 엄마가 '너무 좋은 학원'이 있으니 꼭 가 보라고 신신당부했다. 큰아이가 다니면 큰 도움이 될 거라며 자신있게 소개해주었다. 두뇌 코칭을 내세운 대치동에 있는 학원인데, 좋은 책을 읽으면서 수업한다고 했다. 가서 상담한 후 다루는 책들도 맘에 들어 서둘러 등록했다. 다행히 큰아이도 재미있어하면서 잘 다녔다.

그런데 큰아이가 책을 읽지 않고 다니는 것 같았다. 책을 읽어야 수업이 되지 않겠느냐고 큰아이를 닦달했더니, 선생님이 책을 읽지 않고 와도 된다고 했다나! 어이가 없어서 학원에 따지러 갔더니 오히려 학원 측의 답변이 가관이었다.

"어머님, 아이들이 책 읽을 시간이 어디 있어요? 아이들이 책을 읽어오지 않더라도 선생님이 수업시간에 책 내용에 대해서 잘 설명해 주신답니다."

너무 실망스러웠다. 나는 책이란 스스로 읽어야만 얻고 싶은 효과를 제대로 얻을 수 있다고 생각했다. 카네기 멜론 대학의 연구 결과가 이를 단적으로 보여 주었다.

"100시간 동안 독서를 집중적으로 한 아이들의 두뇌를 관찰했더니, 독서 후에 두뇌에서 뇌의 소통 능력을 향상시키는 물질이 증가했다."

그 학원에서 돌아오는 길에 곰곰이 생각해보니 그 학원이 제시한 책들은 중학생들도 소화하기가 쉽지 않아 보였다. 책을 읽지 않은 아이들에게 내용을 피상적으로 알려 주는 것만으로는 교육 효과를 낼 수 없다고 생각했다. 단순히 아는 것만으로는 통찰력이나 창의력을 기대할 수 없었기 때문이다. 이를 뒷받침하듯 서울대학교 자유전공학부의 장대익 교수는 뇌와 독서의 상관성에 대해 다음과 같이 설명해 주었다.

"뇌가 '느린 생각'에 익숙해지도록 하는 별도의 훈련이 필요한데, 이는 TV 시청 등 디지털 정보 습득 과정에서는 잘 만들어지지 않는다. 뇌 전체를 활용하는 독서야말로 '느린 생각'을 가장 효과적으로 만들어내는 행위다. 책을 많이 읽는 사람들이 남들이 보지 못한 것을 보고, 기존에 연결하지 않았던 지식을 연결하는 능력이 뛰어난 것은 이 때문이다. 독서를 활용하면 '창의적 연결 능력'을 갖춘 인재들을 가장 효과적으로 육성할 수 있다."

나는 책이 좋아서 우리 아이들에게 책을 많이 읽게 했다. '생각주머니'가 커지기를 바랐기 때문이다. 실제로 독서가 우리 아이들의 독해력, 추론 능력, 이해력을 키우는 데 도움이 많이 되었다. 또한 이를 바탕으로 한 통찰력, 상황 판단 능력, 문제 해결 능력도 연쇄적으로 좋아졌다고 생각한다. 게다가 아이들은 내가 기대했던 것보다 더 많은 것을 책을 통해 얻을 수 있었다.

우리 아이들은 공부의 양이 많아진 고등학생 때부터 두각을 나타내기 시작했다. 다양한 책을 읽으면서 생각하는 힘이 커졌기 때문인 듯싶다. 앞으로도 두 아이는 책을 통해 고민하면서 자신의 미래뿐만 아니라 미래의 불확실성을 해소해 나갈 것이라고 확신한다.

Tips

1. 아이가 스스로 책을 읽어야 독서의 효과를 기대할 수 있다.
2. 아이가 여러 분야의 다양한 책을 읽도록 이끌어주자.
3. 아이가 수준에 맞는 책을 고를 수 있도록 도와주자.
4. 아이가 읽은 책을 자기 것으로 만들 수 있도록 시간을 충분히 주자.

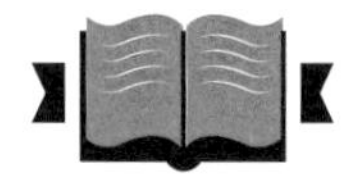

놀이를 통해 사회성과 의사 결정 능력을 배우다

유아기 아이들은 오감을 자극시키며 잘 놀도록 해야 한다. 아이들의 감성과 뇌가 오감에 의해 자극 받기 때문에 놀이를 통해서도 많은 것을 배우게 된다. 또 아이들은 놀이터에서 놀기만 하는 것 같아도 주위의 사물을 보고, 듣고, 느낀다. 특히 3살부터 6살까지는 많이 놀게 해 주어야 한다. 뇌의 전두엽이 가장 발달하는 시기인지라, 인지 능력과 인성·사회성·상상력·사고력 등이 발달된다고 한다.

우리 아이들은 야외 활동을 하면서 몸도 마음도 건강해지고 감성도 풍부해질 수 있었다. 그네를 타다 파란 하늘을 보면서 "와~ 하늘이 파래요!" 하고 탄성을 지르기도 하고, 시원한 바람도 피부로 느끼며 어린 시절을 보냈다. 산책 나온 강아지를 보면 강아지 곁으로 뛰어가서 쓰다듬고 보듬어 주면서 신나했다. 강아지와 놀면서 쫑알쫑알 이야기를 나누며 상상한 걸 기반으로 '시나리오'를 쓰기도 했다. 때로는 또래 아이들과 삼삼오오 모여서 뭘 하고 놀지 한참을 고민했다. 놀 때 만큼은 모든 것을 자율적으로 결정하고 신나게 놀았다. 아이들은 매일 한 번 이상 밖에서 뛰어놀았다.

요즘 아이들의 놀이는 문화센터에서 수업처럼 이루어진단다. 나는 아이들에게 수업을 시키는 것은 가급적 늦게 그리고 적게 하는 게 좋다고 본다. 아이들이 하는 놀이는 전문적이지 않아도 좋다. 엄마가 지켜보는 가운데 자율적으로 해 보는 것을 추천한다. 특히 아이들이 장난감을 들고 어떻게 놀지를 스스로 결정해 보는 것이 좋다. 아이들이 다양한 방식으로 생각해 보고 시도도 해 보면 더욱 좋다.

어떤 엄마는 아이들이 집에서는 통제가 안 된다고 투덜댔다. 자기 혼자 하려고 고집 부린다며 문화센터에 데리고 갔는데, 거기서는 아이들이 선생님을 잘 따라해 좋았다고 한다. 이런 엄마도 자기 아이들이 능동적이기를 바랐을 텐데 실은 수동적이 되도록 키우고 있는 것과 다를 바 없다. 어쩌면 엄마의 편안함을 위해 아이들을 수동적으로 만들고 있는 건 아닌지도 모르겠다. 아이들이 수동적이 되는 걸 원하지 않는다면 독립심과 자립심을 키울 수 있도록 아이들에게 충분한 시간과 기회를 주어야 한다.

우리 아이들이 어릴 때 스키장에 간 적이 있었다. 큰아이와 나는 스키를 탔지만, 작은아이는 너무 어려서 스키를 탈 수가 없어 남편과 함께 썰매를 탔다. 작은아이는 나와 형이 스키 타는 것이 부러웠는지 집에 돌아온 후에 플라스틱 숟가락과 포크로 스키 타는 흉내를 냈다.

"엄마, 나 스키 잘 타지?!"

그렇게 외치는 작은아이를 보면서 터지는 웃음을 참고 스키를 잘 탄다고 박수를 쳐 주었다. 참 기발하지 않는가? 이런 기억은 누구나 한번쯤은 있을 법하다. 아이들의 사고는 이렇듯 어른들의 예상을 뛰어넘을 때가 많았다.

아이들이 역할놀이를 할 때 몹시 흥미로운 말들이 쏟아져 나왔다. 아빠하고 엄마가 했던 말들을 너무 똑같이 흉내냈다. '작은애야, 신문 가져 와라', '엄마한테 커피 좀 부탁한다 해라', '너 그렇게 하지 말라고 했잖아' 등등.

누군가 아이들의 어휘력은 모방하면서 는다고 했던가. 그러다 보니 아이들이 어른들의 잘못된 말과 행동을 그대로 따라해 망신을 주는 경우도 종종 볼 수 있었다.

우리 아이들은 친구들과 소꿉장난·병원놀이·인형놀이 등을 하면서 배우고 성장했다. 때로는 다툰 뒤 화해하는 방법을 통해 또래 아이들이랑 놀면서 자기가 하고 싶은 것만 할 수 없다는 것도 배울 수 있었다. 또 친구들과 놀기 위해 자기가 하고 싶은 것을 포기하는 것도, 양보하는 것도, 어떻게 하면 친구들과 오래 놀 수 있는지도 배울 수 있었다. 이처럼 아이들은 놀면서 사회성도 키우고 배려하는 것도 키워 나갔다.

우리 아이들은 내가 간섭을 하지 않아도 자기들끼리 잘 놀았다. 같은 놀이도구를 가지고도 다른 방식으로 놀 때도 많았다. 어느 날 블록을 가지고 노는 모습을 보면서 너무 놀랐다. 누구한테 배운 적도 없는데 집이나 거북선, 비행기 등을 신기하게 만들어냈다. 아이들은 '말랑말랑한' 머리로 다양한 상상을 펼쳐냈고, 놀면서 상상력·창의력 등을 키워 나갔던 것 같다.

UN 아동권리협약 제31조에 따르면, "모든 어린이는 자신의 연령과 발달에 적합한 놀이와 여가를 즐길 권리가 있다"고 명시되어 있다. 이처럼 아이들이 놀 권리가 있고, 놀이를 통해 성장한다는 사실에도 불구하고, 우리나라의 많은 엄마들은 아이들의 놀이에 대해 오해와 편견을 가지고 있는 듯했다. 그래서인지 UN 아동권리위원회가 우리나라의 교육 제도에 대해 깊은 우려를 드러냈다고 한다.

"한국의 어린이들이 지나친 학업 부담과 극심한 경쟁 때문에 잘 놀지 못하고 있다."

급기야 우리 정부에 "어린이들이 놀 권리를 누릴 수 있게 해달라"고 권고하기에 이르렀다. 또 UN 아동권리위원회의 권고는 우리를 부끄럽게 만들기도 했다. 아이들은 놀면서 배우고 학년이 올라가면서 더 많이 배워야 하는데, 우리나라의 경우 반대로 가는 경향이 있었기 때문이다.

아이들이 어렸을 때 열심히 공부시키던 엄마가 지쳐 버려 포기하거나 아이들이 반항하며 공부를 거부해 버리는 경우를 종종 볼 수 있다. 나는 이런 안타까운 현실을 보면서 공부는 커 가면서 조금씩 늘려가야 한다는 생각을 가지고 있다. 아이들은 놀아야 에너지를 얻고, 그 에너지를 중학교와 고등학교에 들어가서 쓸 수 있어야 한다고 생각한다. 다시 말해 어릴 때는 놀면서 체력을 축척하며 배우다가 학년이 올라가면서 조금씩 공부량을 늘려가는 쪽이 제대로 된 방향이라고 말해주고 싶다.

Tips

1. 아이는 놀면서 더 많은 걸 배운다는 사실을 기억하자.
2. 아이가 놀 때는 독립적이고 자립적으로 놀 수 있도록 이끌어주자.
3. 아이와 가급적 야외 활동을 많이 하자.
4 UN 아동권리협약 제31조에 나오는 '놀 권리'를 아이가 누릴 수 있게 하자.

인생 마라톤을 완주할 기초 체력 갖추기

캐나다에 있을 때 우리 아이들은 학교에서 신체 활동의 기회를 충분히 가질 수 있었다. 특히 체육시간에 운동장에서 제대로 운동하는 것을 좋아했다. 체육시간이 있는 날에는 들떠서 학교에 갔다.

캐나다 교육 당국의 야외 활동 관련 정책에 따라 학교에서 모든 아이들은 쉬는 시간에도 교실 밖으로 나가야 했다. 놀기 싫은 아이들도 밖에서 걷기라도 해야 했다. 이 정책은 고학년이 될수록 아이들이 컴퓨터를 하거나 TV를 보면서 움직이지 않으려 하기 때문에 시행되었다고 한다.

여름학기에는 실외에서 하는 운동 프로그램이 제공되었다. 물론 겨울학기에도 실내에서 하는 운동 프로그램이 있었다. 비용을 별도로 지불해야 하는 것도 아니었다. 당연히 우리 아이들의 캐나다 학교생활은 즐거움 그 자체였다.

《운동화 신은 뇌》를 쓴 하버드 의대 정신의학과 존 레이티 교수는 '운동이 뇌 건강에 놀라운 영향을 미친다'는 연구 결과를 내놓으면서 다음과 같은 주장을 했다.

"운동이 학생들의 뇌를 활성화해 공부를 더 잘하게 만든다. 운동으로 뇌가 활성화된 상태에서 공부하는 것이 효과적이다. 운동을 하면 뇌에 공급되는 피와 산소가 늘어난다. 그러므로 뇌 안의 신경세포(뉴런) 기능이 활발해진다."

이외에도 운동이 뇌에 긍정적인 영향을 미쳐 정신을 건강하게 만든다는 사실을 보여주는 연구는 많다. 얘기인 즉슨 운동이 건강한 생각과 감정을 만들고, 학습 능력도 향상시킨다는 것이다.

그러나 우리의 교육 현실은 아이들을 공부시킨다면서 운동하는 시간을 빼앗거나 줄이고 있다. 방과 후에 곧바로 학원에 가는 아이들을 보라. 이런 아이들은 체력이 고갈되어 책상 앞에서 오래 버틸 수도 없고, 엄마들이 원하는 학습 효과도 당연히 기대할 수 없게 된다. 오히려 아이들의 학습 의욕만 떨어뜨리게 될 것이다. 아이들의 성장과 교육은 장시간 달려야 하는 마라톤에 비유될 수 있다. 아이들이 쉴 수 있고 운동할 수 있다면, 오히려 장기적으로 훨씬 좋은 효과를 보게 될 것이다.

지금 생각해 보면 우리 아이들은 에너지가 넘쳤던 것 같다. 늘 활기차게 움직였으니까 말이다. 거의 매일, 하루에 한 번씩 밖에서 한바탕 놀아야 그나마 조용하게 하루가 넘어갔다. 이렇게 아이들은 밖에서 뛰어노는 것만으로도 만족했다.

귀국 후 우리 아이들이 학교에 다닐 때였다. 쉬는 시간에조차 고작 화장실에만 다녀오라고 하는 선생님들이 있었다. 이런 이유로 아이들이 무척 힘들어했다. 너무 슬픈 일이지 않는가. 우리나라에서도 아이들에게 운동이 필요하다는 생각이 확산되었으면 좋겠다. 학교 체육시간만이라도 제대로 운영되어 아이들이 신나게 운동장을 뛰어다녔으면 한다.

이런 바람에도 불구하고 나 또한 큰아이가 초등학교 3학년쯤 되니 뛰어노는 시간을 줄였으면 하는 생각을 해본 적도 있었다. 큰아이는 거의 매일 밖에 나가서 축구와 같은 운동을 하고 들어와 숙제를 하곤 했다. 그 시간만 줄이면 숙제를 더 잘하고 수학공부도 하고 다닐 것 같다는 생각이 들었다. 이런 엄마의 조급함을 알아차렸는지 어느 날 큰아이는 숙제하다 말고 갑자기 경고하듯이 말했다.

"엄마, 땀나도록 뛰고 오면 집중이 훨씬 잘돼요."

큰아이는 학교 체육수업도 거의 밖에 나가지 않고 교실에서 한다며 투덜댔다. 결국 나는 아이들이 뛰어노는 시간을 줄일 수 없었다.

큰아이가 초등학교 3학년 때 서울 서초구 잠원동, 즉 '강남 8학군'으로 이사를 왔다. 아파트 놀이터나 학교 운동장에는 놀 친구들이 보이지 않았다. 대치동에 살던 친한 친구에게 "여기는 이상해.

왜 놀이터나 운동장에 애들이 없어?"라고 물었더니, 친구의 대답은 간단명료했다.

"학원 셔틀버스 타는 데로 가 봐. 아이들이 있을 거야."

우리 아이들은 학교 수업이 끝난 후 놀이터에서 놀고 있었다. 나는 친구의 말대로 아파트 밖으로 나가 봤다. 아파트 정문 앞에 엄마들과 아이들이 삼삼오오 모여 있었다. 영어학원 셔틀버스, 수학학원 셔틀버스, 과학학원 셔틀버스가 하나씩 나타나 아이들을 실어나르고 있었다. 이런 광경을 처음 보는 나에게는 신기하기만 했다.

학교에서 돌아오자마자 곧바로 학원으로 가는 아이들이 불쌍해 보였다. 나는 어떤 아이들이 놀지도 않고 이 학원 저 학원으로 다니는지 궁금했다. 저렇게 학원들을 많이 다닌다면 숙제 할 시간을 도저히 내지 못할 것 같았다. 나는 엄마들 모임에서 궁금한 점을 물어봤다.

"어떻게 하면 아이가 밖에서 놀지도 않고 공부만 할 수 있어요?"

그중 한 엄마가 해 준 말이 지금까지 생생하다.

"아이들이 처음부터 놀지 않으면 놀 줄을 몰라서 논다는 소리를 안 해요."

충격적이었다. 이 동네 아이들은 우리 아이들하고는 정말 다르게 자라고 있다는 사실을 알았기 때문이다. 이런 모습은 우리 아이들한테는 절대 상상할 수 없는 일이었다.

나는 우리 아이들이 뛰어노는 걸 보면서 행복했기에 아이들이 뛰어노는 시간을 절대 뺏을 수 없었다. 아이들은 인생이라는 '장거리

마라톤'을 뛰는 선수와 다를 바 없다고 생각했기 때문이다. 아이들은 시간과 건강을 잘 관리해서 지치지 않고 완주해야 하는 '장거리 마라토너'여서 자유롭게 놀기도 하면서 에너지를 충전해 두어야 하는 이유다.

어떤 엄마는 아이가 매번 논다고 투덜거렸다. 보다 못해 내가 그 엄마에게 따지듯 물었다.

"아이가 놀 시간이 어디 있어서 자꾸 논다고 하죠?"

그 엄마는 주저하지 않고 말했다.

"학교에서 종일 놀잖아요. 집에 오면 학원 가기 전까지 숙제라도 하면 좋겠는데, 빈둥거려요."

그 엄마는 학원 시간표를 빈틈없이 짜 두고서 아이에게 짬짬이 숙제하라고 했다고 한다. 그 아이는 숙제도 놀지도 못했으니 계속 놀고 싶다고 징징거릴 수밖에 없는 상황이었다. 실제로 그 아이는 공부를 하는 것도 아니고 노는 것도 아닌 시간을 보내고 있었다. 그 엄마가 자기 아이의 간절히 외치는 소리를 듣지 못하는 것 같아 안타까웠다.

어른들도 쉬지 않고 계속 뭔가를 하기는 어렵다. 마찬가지로 아이들도 체력적으로 버텨야 하니까 숙제를 하지 않고 틈틈이 노는 게 아닐까? 이런 모습들이 그 엄마 눈에는 단지 '노는 것'으로 보였던 것 같다.

이런 엄마들에게 해주고 싶은 미국 속담이 생각난다.

"일만 하고 놀지 않으면 바보가 된다(All work and No play makes Jack a dull boy)."

아이들을 하루 동안이라도 맘껏 놀게 해보자. 그러면 아이들이 놀겠다고 징징거리지도 않을 테니까.

Tips

1. 놀아야 에너지가 생긴다는 것을 기억하자.
2. 학원 시간표를 짜면서 아이가 운동이나 야외 활동을 할 수 있게 하자.
3. 적어도 일주일에 한 번은 운동장에서 흠뻑 땀 흘리며 놀게 하자.
4. 노는 시간이 없으면 '아이는 수업시간에 논다'고 생각하자.

고통 없이 영어를 잘하게 된 아이의 비결

영어는 우리말처럼 언어의 일종이다. 사실 아이들은 우리말을 반복적으로 들으면서 기억했던 단어들이나 문장들을 어느 시점에 쏟아내지 않던가. 영어도 같은 방법으로 하면 된다. 일단 영어를 공부한다고 생각하지 않도록 일상에서 들을 기회를 많이 만들어 주면 좋다.

아이들은 자신에게 맞는 수준의 프로그램을 반복적으로 보면 그 내용을 자연스럽게 기억한다. 특히 자신들이 좋아하는 캐릭터가 나오는 만화영화에는 호기심을 갖고 집중한다. 이처럼 눈과 귀에 익숙해지면 아이들은 편하게 생각하고 받아들인다. 하지만 아이들은 집중력이 떨어져 같은 걸 오래 보지 못한다. 그래서 엄마가 영어를 잘하지 못해도 같이 보고 있어 주기만 하더라도 효과적일 수 있다.

함께 보면서 중간중간에 제스처나 표정으로 아이들의 관심을 끌어 당길 수 있기 때문이다. 아빠나 엄마가 알아 듣는 단어만으로 '아는 척'하면 아이들은 더 집중해서 보고, 한마디라도 더 해 보고 싶어지기 때문이다.

나는 영어보다도 모국어인 우리말을 정확하게 구사하는 게 더 중요하다고 생각했기에 큰아이를 영어유치원에 보내지 않았다. 물론 영어유치원 교육비가 너무 비싼 것도 부담스러웠다. 집에서 조금씩 영어에 노출시키면서 영어를 편하게 느끼도록 해 주었다.

큰아이를 키울 때는 주한미군방송인 AFKN을 볼 수 있었다. 큰아이가 4살 때쯤부터 AFKN에서 나오는 3~5세 유아용 프로그램 〈세사미 스트리트Sesame Street〉를 매일 보여 주었다. 틈틈이 디즈니 만화영화 영어판도 구해서 보여 주었다. 큰 기대 없이 들을 수 있는 것은 들어 보라고 틀어 놓았는데, 큰아이는 흥미를 갖고 열심히 보면서 노래도 따라했다. 처음에는 흥얼거리기만 하더니 나중에는 알아듣는지 제법 정확하게 구사했다. 〈세사미 스트리트〉를 보면서 〈ABC 노래〉를 따라 부르고 알파벳도 다 배울 수 있었다. 거기서 나오는 영어 단어들도 꽤 알고 있었다.

또 큰아이는 BBC에서 제작한 〈블루스 클루스Blue's Clues〉도 즐겨 봤다. '블루Blue'라는 강아지의 발자국을 힌트 삼아 수수께끼를 푸는 프로그램이었다. 이후 큰아이는 한국어판 〈블루스 클루스〉를 KBS 방송을 통해서도 볼 기회가 있었다.

"엄마, 한국말을 하는 블루스 클루스가 있어요!"

큰아이는 흥분한 듯 소리를 질렀다. 큰아이에게는 엄청나게 신기했던 것 같다.

이처럼 어린 시절 동안 큰아이는 거의 모든 만화영화를 영어판으로 봤다. 일본 만화영화인 〈포켓몬〉도 AFKN으로 봤을 정도다. 그 덕인지 큰아이는 좋은 영어 듣기 실력을 갖출 수 있었다. 나는 큰아이가 영어에 친숙해지자 파닉스를 가르치기 시작했다. 이후 큰아이는 제법 영어를 읽고 쓸 정도가 되었다.

많은 돈과 시간을 영어에 들이고도 효과를 보지 못한 경우를 주변에서 흔히 볼 수 있었다. 이렇게 아이들이 놀 수 있는 시간을 영어에 투자했는 데도 아무런 효과를 보지 못한다면 억울했을지도 모른다. 물론 영어유치원에서 잘 따라해 제법 영어를 잘하는 아이들도 있었지만 대다수 아이들은 선생님이 무슨 말을 하는지 몰라도 대충 이해하고 넘어가 버렸다. 이런 상황이 오래 지속되면서 아이들은 그저 시간만 보내는데 익숙해졌다. 이럴 때에는 종종 확인하고 부족한 부분을 보충해 주어야 만족할 만한 효과를 볼 수 있었다.

국제학교에 다니던 아이가 있었다. 이 아이가 같은 학교 부설 영어유치원을 마치고 막 1학년이 되었을 무렵에 영어 실력을 테스트해달라는 부탁을 받은 적이 있었다. 나는 테스트한 후 너무 깜짝 놀랐다. 그 아이는 글도 읽을 수 없었고, 아는 단어도 몇 개 뿐이었다. 대충 짐작으로 알아 듣는 정도였다. 나는 그 아이에게 물었다.

"너, 학교에서 답답했겠구나. 빨리 글을 배워야겠다."

"어떻게요?"

그 아이가 반문하는 순간 나는 가슴이 답답해졌다. 아이 엄마는 '어리니까 스트레스 받지 말고 그저 놀면서 배우라'는 식으로 국제학교에 보냈다고 한다. 이 아이는 선생님이나 친구들의 말을 알아듣지도 못한 채 자기가 뒤처지는 것을 느끼면서 스트레스를 더 많이 받았을 것이다. 더 기가 막힌 것은 학교 선생님이 그 아이가 반에서 중간 정도 한다고 말했다는 점이다.

아이 엄마는 아이가 그저 학교 가서 듣고 따라하니 영어를 잘하는 줄 알았다고 고백했다. 하지만 절대 그렇지 않다. 외국에 나가도 마찬가지다. 아는 것만 들리고, 아는 것만 말할 수 있는 것이다. 하나를 알아야 다른 하나도 배울 수 있는 법이다. 아는 단어를 기반으로 모르는 단어의 뜻을 짐작하면서 문장을 이해할 수 있는 것이다.

큰아이가 초등학교를 다닐 무렵 영어판 영화만을 보면서 영어를 마스터하는 방법이 유행했다. 그런데 그런 방식으로 했다가 정작 영어를 제대로 배워야 할 시기를 놓친 아이를 본 적이 있었다. 당시 초등학교 5학년생이던 그 아이는 영화 〈해리포터〉를 영어판으로 보고 이해할 정도였다. 하지만 영어학원에 가서 레벨 테스트를 받았더니 초등학교 저학년 수준이라는 결과가 나왔던 것이다. 그 아이 엄마는 열심히 비디오도 보게 하고 책도 읽혔는데 레벨이 낮게 나온 이유를 모르겠다며 당황한 기색이 역력했다.

테스트 결과를 보니 그 아이는 문법과 단어 그리고 읽기 등의 학습이 거의 되어있지 않았다. 그 아이의 엄마는 자기 아이를 초등학교 5학년 때까지 거의 방치한 셈이 되어 버렸다. 엄마가 중간중간에 아이가 잘 따라가는지 확인했더라면 하는 아쉬움이 남았다.

아무리 좋은 방법도 무작정 따라하는 것은 위험하다는 교훈을 얻을 수 있었다. 아이들마다 제각기 다른 역량을 갖고 있다는 사실을 인정했어야 한다. 보통 아이들이 영어판 영화를 보는 것만으로는 영어를 배우기가 쉽지 않았다. 읽기·쓰기·듣기·말하기 등 4가지 영역을 동시에 진행하면서 문법도 가미해서 배워야 학습효과가 있었다.

나는 큰아이가 초등학교 3학년이 될 때까지 집에서 영어를 가르쳤다. 이후 큰아이를 외국인에게 노출시킬 생각으로 영어학원에 큰아이 친구와 함께 테스트를 받게 했다. 그 친구는 영어유치원을 나와서 영어학원에 다니고 있었는데, 그 친구 엄마가 "어차피 영어학원을 바꿀 예정이니까 큰아이랑 같이 다니게 하자"고 제안했다. 큰아이도 친구가 있었으면 좋겠다고 해서 같이 보내기로 했다.

그 영어학원은 레벨 테스트를 통과해야 다닐 수 있었기에 큰아이의 영어 테스트 결과가 기준 미달이 될까봐 긴장했다. 큰아이는 '엄마표 영어'로 배운 실력이었기 때문이다. 그런데 결과는 정반대였다. 친구는 준비반이 되었고, 큰아이는 정규반이 되었다. 왜 이런 결과가 나왔을까?

그 친구는 듣기 점수가 많이 부족했다. 영어유치원 때부터 초등학교 3학년 때까지 대충 들으면서 영어를 해 왔기 때문인 것 같다. 더구나 듣기가 안 되는데도 레벨만 계속 올려 어떤 문제가 있는지조차 모르고 시간만 흘려보내는 꼴이 되어 버렸다. 그 친구의 엄마는 아이가 제대로 알아듣지 못해 정확한 내용 파악이 안 되는 줄도 모르고 그저 '잘하고 있겠지'라고 믿고서 영어학원만 계속 보냈던 것이다.

반면에 큰아이는 쉬운 영어만 배우고도 읽기·쓰기·듣기·말하기 등 4가지 영역의 점수가 고르게 나왔다. 배운 내용 만큼은 정확히 알고 있었기 때문인 것 같다. 특히 큰아이는 듣기를 오랫동안 많이 했고, 자기 수준에 맞는 영어를 배우며 철저히 소화해냈던 결과가 아닌가 싶다.

나는 큰아이가 그 학원에 등록할 수 있다는 것만으로도 좋았다. 그런데 그것도 잠시뿐이었다. 학원에서 너무 어려운 책으로 배운다는 사실에 깜짝 놀랐다. 그 학원은 영어유치원에 다녔거나 외국에서 살다 온 아이들이 다녀서 그렇다고 했다. 큰아이는 두 달 뒤 그 학원을 그만두고 말았다. 그 학원에 다니는 동안 큰아이는 숙제하느라 날마다 전쟁을 치러야 했기 때문이다. 맘껏 뛰어놀 시간이 없었으니 학원을 그만 둔다는 소리에 큰아이도 크게 환영했다.

큰아이가 그 학원을 그만둔 결정적 이유에는 너무 어려운 것을 가르쳤기 때문이다. 잘 쓰지도 않을 단어를 외우느라 고생했음에도 큰아이의 머릿속에는 남아있는 게 없었다. 심지어 그렇게 외운 단어조차 정작 학원에서 배우는 내용과는 전혀 관련이 없었다.

'학원에서 엄마들에게 보여주기 위한 단어 숙제가 아니었을까?'

이런 생각이 들자 나는 큰아이를 그만 보내기로 결정했던 것이다. 소화가 되지 않는 것을 일찍부터 배울 필요가 없었으니까 말이다. 차라리 그 시간에 큰아이가 운동이라도 하는 게 낫겠다 싶기도 했다. 그 학원을 접고 나니 우리 집에 다시 평화가 왔다.

Tips

1. 만화영화를 영어판으로 보게 하면서 영어에 노출시키자.
2. 아이에게 알파벳과 파닉스를 가르치면서 책 읽기를 시도해보자.
3. 아이가 쉬운 책을 많이 읽고 듣게 하여 입과 귀가 터지게 하자.
4. 30~50권 정도의 책을 충분히 읽게 한 후 일기를 써보게 하자.

박물관과 과학관을 즐기며 스스로 학습 동기를 갖게 하려면

아이들은 엄마와 아빠 손을 잡고서라면 어디를 가도 좋아한다. 특별히 갈 곳이 없다면 박물관이나 과학관 방문을 추천한다. 박물관에는 아이들이 무료로 체험할 수 있는 학습장도 있고, 다양한 볼거리도 제공하고 있다. 아이들에게 신기한 것들이 널려 있다. 아이들이 그저 신나서 이리저리 뛰어다니며 놀더라도 위험하지 않다.

아이들과 가볼 만한 곳으로 국립중앙박물관, 어린이박물관, 국립한글박물관 등을 권한다. 누구의 제재도 없이 맘껏 놀고 만지고 느낄 수 있기 때문이다. 아이들은 책에서 배웠던 시간의 흐름을 박물관에서 직접 느낄 수 있어 신기해한다. 책 속에서만 보았던 유물들을 직접 보자 호기심 많은 아이들의 눈이 반짝반짝 빛나는 모습을 볼 수 있다. 이렇듯 부모나 아이들에게 너무나 좋은 나들이 장소이고 체험장인 것이다.

우리 아이들은 자연사박물관, 역사박물관, 국립중앙박물관, 자동차박물관, 국립현대미술관, 예술의 전당 전시장, 국립어린이과학관, 국립과천과학관 등 어디를 가더라도 좋아했다. 특별한 목표를 가지고 돌아다닐 필요도 없었다. 어쩌면 아이들도 큰 기대 없이 돌아다녔다는 것이 더 맞을지도 모른다.

그러나 아이 친구들과 엄마들이 함께 단체 관람하는 것은 가급적 피하라고 권하고 싶다. 나도 처음 몇 번은 아이 친구들과 엄마들이 함께 삼삼오오 떼를 지어 다녔다. 아이들은 아이들끼리, 엄마들은 엄마들끼리 놀고 수다를 떨다가 왔다. 우리가 멀리까지 왜 갔는지도 모를 지경이었다. 그저 소풍을 다녀온 기분 정도였다.

그 다음에 갔을 때에는 우리 아이들에게 전시장을 먼저 둘러본 뒤 놀게 했다. 아이들은 친구들하고 놀 욕심으로 전시장을 건성건성 돌아다녔다. 엄마들은 잔소리만 하다가 전시장 가는 걸 포기하고 말았다. 이후부터는 친구들하고는 놀이터나 놀이공원에서 노는 것으로 만족하고, 박물관·미술관·과학관 같은 데는 우리 가족끼리만 가게 되었다.

국립중앙박물관에 가기로 했을 때다. 이번에는 제대로 보고 오겠다고 단단히 마음먹었다. 사전 준비도 하고, 도착해서는 안내책자도 챙겼다. 우리 아이들에게 문화해설사 뒤에 바짝 붙어서 쫓아다니라고 했다. 그런데 아이들 표정이 영 심드렁했다. 처음에는 '이건 뭐지?' 하는 생각이 들었지만 곧 알아차릴 수 있었다.

'아차, 또 내가 아이들에게 강요하고 있구나. 내가 또 욕심을 부리고 있어.'

우리 아이들은 보고 싶은 것을 자기 스스로 찾으려고 했다. 나는 아이들이 하고 싶은 대로 내버려 두었다. 아이들은 여기저기를 왔다갔다하더니 다시 전시장으로 들어왔다. 시간이 조금 지나니 아이들 각자가 관심이 있는 것을 보기 시작했다.

우리 아이들은 나와는 다른 방법으로 보고 다녔다. 각자 나름의 시각에서 보더니 뭔가 궁금해졌는지 문화해설사를 따라다녔다. 아이들은 주워들은 정보로 나한테 설명도 해 주었다. 내가 자유스럽게 해 주었더니 아이들은 나보다 더 나은 생각과 더 멋진 행동을 보여 주었던 것이다. 하마터면 아이들을 믿지 못하고 계속 끌고 다닐 뻔했다. 그랬더라면 아이들이 박물관에 다시는 가지 않았을지도 모른다.

우리 아이들은 어린이과학관에도 자주 갔다. 일단 열람실로 가기 전에 입구에서 많이 놀았다. 아이들이 과학의 원리를 이용해 만들어 놓은 다양한 놀이기구에 관심이 많아서였다. 처음에는 입구에서 놀다가 열람실에 들어가지도 못하고 돌아오기도 했다. 나중에야 열람실 입구에서 놀이기구를 가지고 맘껏 놀다가 열람실로 들어가서 보고 싶은 것들을 실컷 보고 돌아올 수 있었다.

특히 우리 아이들은 박물관이나 전시장에 가는 걸 즐겼다. 여행을 하다가도 박물관을 방문할 기회가 있으면 꼭 들러서 보고 왔다. 미국 동부 지역을 여행했을 때도 그랬다. 여행지 중에 워싱턴의 스미스소니언 박물관이 있었다. 그곳은 국립자연사박물관, 국립역사박물관, 국립항공우주박물관 등을 비롯해 19개의 박물관과 미술관 등이 있는 종합박물관이었다. 무료로 관람할 수 있으며, 유명한 영화 〈박물관이 살아있다〉의 배경이 되기도 했다. 거기에서 4시간의 짧은 자유시간을 보낼 수 있었다.

스미스소니언 박물관에서 나는 개인적으로 아프리카박물관과 미술관에 가 보고 싶었다. 그런데 우리 아이들은 자연사박물관에 관심이 많아 먼저 자연사박물관에 갔다가 내가 가 보고 싶은 곳으로 이동할 생각이었다. 하지만 아이들은 자연사박물관에서 나올 생각을 하지 않았다. 곤충도 만져보고 세상에서 제일 큰 다이아몬드도 보면서 말이다. 거기에서 4시간을 다 써 버리고 말았다. 스미스소니언 박물관을 제대로 보려면 4시간도 턱없이 부족했지만, 자연사박물관이라도 충분히 볼 수 있어서 다행이라고 생각했다.

어떤 엄마들은 “아이들이 박물관이나 미술관에 가기를 싫어해요”라고 말한다. 단언컨대 아이들이 단 한 번도 가 본 경험이 없으니 박물관이나 미술관 등이 지루하다는 선입견을 가져서일 것이다. 설령 가봤더라도 재미있는 체험을 하지 못했거나, 어떤 강요를 받았거나, 의무적으로 관람해서였을 수도 있다. 그저 소풍 간다는 기분으로 편하게 가서 아이들이 보고 싶은 것을 즐기게 해보자. 시간을 충분히 가지고 가면 더욱 좋다. 박물관·과학관·미술관에서 아이들의 말랑말랑한 뇌는 자극을 받는다고 한다.

《부처님 모시고 가는 당나귀》의 저자 이난영 국립경주박물관 관장은 이렇게 말한 바 있다.

"박물관은 사람들이 지식을 축적하게 하는 것은 물론 인간의 삶도 풍부하게 한다. 또한 삶이 남아 있는 현장으로 인간이 알고자 하는 욕구를 경험하게 하여 학습 동기를 유발시키는 등 교육적으로 유용하다. (중략) 특히 박물관 교육은 참가자의 상상력과 호기심을 자극하고, 활동에 흥미를 부여하여 탐구를 가능하게 한다."

박물관·과학관·미술관 등이 얼마나 재미있는 곳인지 알게 된다면 '호기심 천국'이 따로 있지 않고 우리 가까이에 있다고 믿게 될 것이다. 또한 아이들의 뇌 발달에도 좋은 영향을 미치게 될 것이다.

Tips

1. 박물관·미술관·과학관 등에 자주 데리고 가자.
2. 아이가 호기심을 보이는 분야에 대한 책을 읽고 가면 효과가 더 좋다.
3. 강요하지 말고 자유롭게, 아이가 관심을 가질 수 있도록 이끌어주자.
4. 친구들과 가는 것보다 가족끼리 가는 것이 더욱 좋다.

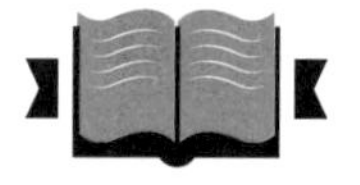

수학공부, 선생님 머리가 아닌 자기 머리를 쓰게 하라!

초등학교 저학년도 수학공부를 해야 한다. 그렇다고 일찍부터 학원에 보내 공부시킬 필요는 없다. 너무 일찍 학원에 보내면 아이들은 선생님한테 의존하는 경향을 보이게 된다. 선생님은 궁금한 것이나 해결하지 못하는 문제풀이를 도와주는 사람이면 족하다.

그러나 조금만 어려워도 아이들은 스스로 해결하기보다 선생님이 문제를 풀어주기를 원한다. 아이들이 자기 머리를 쓰지 않고, 선생님 머리만 빌리게 되는 꼴이 된다. 이는 아이들이 많은 스케줄에 치여 머리 쓰기를 힘들어하거나 귀찮아하기 때문에 생기는 일종의 부작용이라고 할 수 있다. 이런 경우 학원을 다녀도 실력이 향상되지 않는다.

초등학교 저학년인 아이들이라면 수학 문제를 풀면서 혼자 공부해도 된다. 엄마가 수학공부를 하는 법만 가르쳐 주면 이 시기의 아이들은 홀로서기를 할 수 있다. 이렇게 수학공부를 스스로 해나가다 보면 다른 과목도 혼자서 공부할 수 있다는 자신감도 생기게 마련이다.

큰아이가 초등학교 입학을 앞두고 있을 때, 큰아이 친구 엄마들은 입학 준비를 한다며 분주했다. 하지만 나는 가방 말고는 따로 준비해 둔 게 없었다. 다행히 조기입학임에도 아무 문제없이 학교를 잘 다니고 있었다. 어느 날 학교에서 돌아온 큰아이가 말했다.

"선생님이 뺄셈을 하라고 했는데, 덧셈으로 했어요. '빼기'는 아는데, '뺄셈'이라는 말을 몰랐어요."

조기입학까지 시키면서 이런 것도 가르치지 않고 보냈다며 선생님한테 '욕먹을' 것 같았다. 경험 많은 친구한테 물었더니 웃으며 알려 주었다.

"학원에 보내지 않을 거면 집에서 문제집이라도 풀게 해."

그때까지만 해도 '공부는 학교에 가서 배우는 것이다'라고 당연시했던 나는 하는 수 없이 곧바로 수학 문제집들을 사 왔다.

수학 문제집들은 보통 기본 과정, 중급 과정 그리고 심화 과정 등으로 이루어져 있었다. 매일 30분에서 1시간 정도씩 큰아이에게 수학 문제집을 풀라고 했다. 특히 기본 과정 문제집은 4~6페이지씩 매일 풀게 했다. 기본 과정에서 한 단원이 끝나면 중급 과정 문제집을 복습용으로 하루에 3~4페이지씩 풀게 했다.

처음에는 큰아이에게 기본 설명을 읽어 보고 문제를 풀라고 이야기해 주었다. 개념을 설명해 주기 전에 먼저 큰아이 스스로 생각해 볼 기회를 주고 싶었기 때문이다. 어렵다고 하면 설명 부분을 함께 읽어가면서 문제를 풀게 했다. 주말을 제외한 '주5일' 내내 큰아이가 스스로 공부하고 문제를 풀면 내가 채점하면서 틀린 부분을 체크해 줬다. 채점이 끝나면 큰아이에게 자세한 설명을 해 준 뒤, '오답노트'를 만들어서 틀렸던 문제를 다시 풀도록 시켰다.

큰아이는 문제를 풀고 오답을 확인하는 과정에서 개념을 정리해 나갔다. 이렇게 매일 조금씩 수학 공부를 해 나갔다. 큰아이가 초등학교 1~2학년이던 때에는 수학학원에 다니는 아이들이 많지 않았다. 엄마랑 조금씩 공부하면서 개념을 익히는 식이었다.

그런데 작은아이가 초등학교 1~2학년이던 때부터는 주변에 수학학원을 다니는 아이들이 무척 많아졌다. 아이들이 소위 '선행학습'이라는 것을 하고 있었다. 그럼에도 나는 작은아이가 큰아이처럼 문제집을 혼자 풀게 했다. 수학학원에 다니면 책 읽을 시간이 없어지기 때문이었다.

요즘에는 수학공부를 유치원 때부터 시작한다고 들었다. 초등학교 3학년 아이들이 5~6학년 수학공부를 하며, 심지어 초등학교 3학년인 한 아이는 수학학원을 3군데나 다닌다고 했다. 사고력 수학과 자기 학년의 고급 수학, 그리고 '선행수학'을 함께 배운다고도 했다. 과연 이런 아이들이 개념을 이해하고 문제를 풀 수 있다고 생각했을까?

이런 의구심이 들던 차에 "초등학교 3학년에서 수포자(수학을 포기한 사람)가 나온다"는 소문이 들렸다. 순전히 '선행학습' 때문이 아닌가 싶었다. 어린 나이에 수학의 개념에 대한 기본적 이해 없이 문제만 '죽어라' 풀다가 제풀에 꺾여 무너져 버린 것 같았다. 이렇게 개념의 이해 없이 문제만 풀어가는 것은 위험천만한 일이 될 수도 있다.

'수학사교육포럼'의 최수일 대표는 "선행학습은 아이를 기죽이고 바보 만드는 것"이라고 했다. 한성과학고와 세종과학고 등에서 '영재들'에게 수학을 가르친 그에 따르면, 인지 능력이 발달하는 시기인 초등학교 저학년 수준에 맞는 수학공부의 중요성을 강조했다. 또 인지 능력이 빨리 발전하는 아이들조차도 선행학습보다는 깊은 생각을 하면서 폭넓은 활동을 하도록 이끌어 주어야 한다고 했다. 수학이 추상적 학문이어서 제 나이에도 이해하기 쉽지 않기 때문이다.

그의 말을 곱씹어 보니 우리 아이들의 수학공부를 내 소신 대로 시키기를 잘했다는 생각이 들었다.

Tips

1. 학원에 너무 의존하지 말자.
2. 어린 나이에는 부모와 함께하면 좋다.
3. 수학 문제를 아이 자신의 머리를 써서 풀도록 이끌어주자.
4. '오답노트'를 만들게 하는 등 수학공부를 조금씩이라도 꾸준히 시키자.

초등학교
5학년부터
중학교
2학년까지

취미 활동을 통해 '과정'을 즐기는 태도를 익히다

우리 아이들이 놀이를 하면서 관심을 보이면 그걸 지속적으로 할 수 있는 방법을 찾아 주었다. 방과 후 수업을 하게 한다든지 문화센터나 동네 학원에서 심화 수업을 받도록 했다.

내가 유행에 둔하고 자꾸 바꾸는 것을 싫어한다는 걸 알았는지, 우리 아이들은 하나를 시작하면 꾸준히 오랫동안 했다. 미술은 유치원 때 시작해서 거의 초등학교 5~6학년까지 했고, 축구와 체스는 초등학교 1학년 때 시작해서 중학생 때까지 했다. 특히 피아노의 경우 큰아이는 초등학교 1학년에서 중학교 1학년 때까지, 작은아이는 6학년 때까지 배웠다. 작은아이는 혼자 악보를 보면서 피아노를 치고 싶어 해서 배우는 것을 조금 일찍 끝냈을 뿐이다. 아이들

둘 다 이런 활동들을 재미있어했다.

어느 날 체스 선생님이 대회에 나가 보라고 권해서 지원했는데 뜻밖의 수확이 있었다. 작은아이는 더 열심히 준비하면서 승부욕을 보였던 것이다. 큰아이의 승부욕도 만만치 않아 보였다. 큰아이의 축구팀이 축구클럽에서 하는 축구대회에 나갔을 때다. 처음에는 아이들과 부모들은 소풍 가는 것처럼 축구대회에 갔다. 엄마들은 김밥·사발면·과일·음료수 등 먹을 걸 바리바리 준비했다.

막상 시합이 시작되자 아빠들은 마치 국가대표 소년축구시합이라도 되는 것처럼 응원을 했다. 그 당시 아이들은 그저 이리저리 몰려다니며 공을 쫓아 뛰어다니기 급급했다. 하지만 아이들의 축구실력은 학년이 올라 갈수록 매년 달라져 갔다. 아이들이 더 이상 이리저리 몰려다니지도 않고, 제법 축구다운 축구를 하는 것처럼 보였다.

해를 거듭하면서 축구대회는 아이들에게 중요한 연례 행사가 되었다. 축구대회가 다가오면 아이들은 격렬하게 연습했다. 아빠들과 아이들은 점점 승부욕이 강해져 대회 때마다 긴장하는 분위기가 역력해 보였다. 시합 날 아이들은 거의 한·일전을 뛰는 선수들처럼 긴장해서 밥도 먹지 못할 정도였다. 큰아이가 5학년 무렵 결승전에서 지자 서럽게 우는 아이도 있었다.

드디어 6학년 때에는 우리 팀이 우승했다. 아이들과 부모들은 기뻐서 부둥켜 안고 난리였다. 우승을 하자 아이들의 성취감과 희열

감은 말로 표현할 수 없는 정도였다. 아이들의 자존감도 하늘을 찌를 듯했다. 큰아이는 축구를 통해 승부욕이 생겼던 것 같다.

우리 아이들은 축구뿐만 아니라 농구·배구 등 공으로 하는 운동을 좋아했다. 하지만 아이들의 학년이 올라가면서 공부하느라 바빠지자 하나 둘씩 팀에서 빠져 나갔다. 나 역시 아이들이 운동할 시간을 줄였으면 했다. 운동은 언제든 할 수 있지 않느냐면서 그만두라고까지 했다.

그런데 남편은 아이들에게 팀으로 하는 운동은 권장하는 편이었다. 아이들이 사회에 나오면 팀워크를 배우는 것이 공부를 잘하는 것보다 중요하다는 생각을 갖고 있었다. 남편의 뜻에 따라 우리 아이들의 축구팀은 중학생 때까지 계속 유지됐다.

이런 활동 덕분에 두 아이 모두 고등학교 체육대회가 열리면 반대표로 뛰곤 했다. 입시 스트레스를 벗어 던지면서 체육대회에서 활약하는 두 아이의 모습을 보면 정말 뿌듯했다. 더욱 좋았던 점은 친구들하고도 잘 지내는 모습을 볼 수 있었다는 것이다. 아이들은 운동장을 누비면서 잘한 친구한테 칭찬을, 실수한 친구한테는 격려를 아끼지 않았다. 생각했던 것보다 아이들은 훨씬 더 건강하게 잘 자라 주고 있었다.

우리 아이들은 단체 활동과 대회 참가 경험으로 사회성을 기를 수 있었다. 적극적인 참여의식도 자연스레 생겼다. 사실 아이들은 어떤 단체 활동에서도 불만을 토로한 적이 없었다. 매사에 적극적으로 임하는 자세는 아이들의 생활에서도 느껴졌다. 걱정이나 두려움 때문에 대회에 나가기 싫다는 소리를 들어본 적이 없을 정도였다. 설사 두려움을 안고 대회에 나갔어도 다시 승부욕을 불태웠다. 성취감을 맛본 경험이 있어서인지 스스로 감정을 컨트롤하며 대회에 적극적으로 참여했던 것이다. 결과에 상관없이 최선을 다하는 모습이 참 보기 좋았다.

우리 아이들은 체스도 방과 후 수업에서 꾸준히 즐기면서 대회에 나가기도 했다. 하지만 다른 아이들은 같이 체스를 하고도 체스대회에 나가지 않았는데 그 이유는 간단했다.

첫 번째는 체스대회가 하루 종일 진행되기 때문에 시간을 많이 빼앗겨서였다. 솔직히 학원 때문에 시간이 없어서라고 말하는 것이 맞을 것 같다. 두 번째는 아이들이 대회에 나가 본 적이 없어서 대회 참가에 대한 부담이 큰 탓이었다. 하지만 나는 아이들이 좋아하는 행사에 참가하는 걸 적극 권장하는 편이었다. 아이들의 인생은 긴데 너무 눈앞에 보이는 것만 쫓는 것은 바람직하지 않아 보였기 때문이다.

수능이 끝난 후에도 작은아이는 뜬금없이 체스하러 간다고 했다. 체스 동호회가 매주 화요일 저녁 7시에 삼성역 근처 카페에서 있다고 했다. 수능을 막 끝낸 고등학교 3학년 학생의 일반적인 모습은 아닌 것 같아 의아해했던 것도 사실이다. 어렸을 때 즐겨했던 것들을 그리워해서가 아닐까 싶기도 했다. 바쁜 고등학교 일정을 마치면서 미뤄 놓았던 걸 해 보고 싶었는지도 모른다는 생각이 들기도 했다. 여하튼 작은아이가 어렸을 때부터 즐겨했던 체스를 하러 가는 모습이 보기 좋았다. 즐길 수 있는 취미가 있다는 것은 삶에 대한 의욕과 적극성의 증표가 아니겠는가!

Tips

1. 교과 외 활동을 통해 시간을 효율적으로 사용하는 법을 배울 수 있다.
2. 교과 외 활동을 즐기면 성취감을 느낄 수 있어 활기차게 살 수 있다.
3. 스포츠나 악기 중 하나라도 꾸준히 배우면 인내심을 기를 수 있다.
4. 작은 대회에라도 도전해보게 함으로써 승부욕을 갖게 하자.

스스로 선택한 책을 읽도록 여유를 주자

내가 우리 아이들에게 가장 정성을 들인 부분이 책읽기 습관을 갖도록 하는 것이었다. 꽤 많은 시간을 쏟아부었는데도 다른 사람들의 눈에 확 띄는 효과는 없었다. 고학년이 되면 모든 것을 성적으로 판단하는데 아이들이 시험에서 '올백'을 맞는 것도 아니었고, 글을 잘 쓰는 것도 아니었기 때문이다.

그러나 학교 성적과는 무관하게 우리 아이들의 시야가 넓어질 것이라는 믿음은 있었다. 또 생각이 깊어지면 지혜롭게 잘살 수 있을 거라는 믿음도 있었다. 이런 믿음으로 아이들에게 일주일에 하루는 빈둥거리며 책을 읽을 시간을 주었다.

내가 어렸을 때 친정 엄마는 우리에게 맛있는 밥을 해주는 것 외에는 아무것도 해줄 수가 없었다. 공무원이던 아빠 월급으로 엄마는 네 자녀를 학교 보내기도 빠듯했기 때문이다. 어느 날 우리 집에 아빠 친구 분이 책을 팔러 왔다. 그분을 도와준다며 엄마는 《위인전》과 《세계문학전집》을 사 주었다. 나와 동생은 마침 심심했던 터라 그 책들을 열심히 읽었다. 얼떨결에 샀던 책들을 우리가 잘 보니까 엄마는 기분이 좋았던 것 같다. 그 책들을 거의 다 읽어갈 무렵 《셜록 홈스 전집》을 사 주기도 했다.

친정 엄마는 이렇게 책을 선별하지도 않고서 《한국문학전집》이나 《세계문학전집》 같은 걸 마구잡이로 사 주었다. 여름방학 내내 나는 아무것도 하지 않고 책만 읽다가 학교에 간 적도 있었다. 선생님이 나를 보더니 물었다.

"너는 여름방학 때 뭘 해서 얼굴이 더 하얘졌니?"

"책을 읽으면서 선풍기 앞에서 앉았다 누웠다만 했어요."

이 또한 내 인생에서 참 좋았던 추억이다. 어느 날 남동생은 어릴 적 추억을 이렇게 회상했다.

"우리 부모님은 용감하게도 우리한테 아무것도 안 해 주셨어."

그리고 남동생은 말을 이었다.

"그런데 엄마가 내버려둬서 우리는 스스로 살 길을 찾았던 것 같아. 만약에 엄마가 이래라 저래라 강요했으면 답답해 죽었을지도 몰라."

우리는 여름 내내 선풍기 앞에서 책을 읽으며 빈둥거렸던 추억을 회상하면서 함께 이야기 꽃을 피운 적이 있었다. 당시 남동생이 책을 좋아해서 소설가가 될 줄 알았는데 전혀 다른 길을 걸었다. 지금은 남동생이 엄마의 든든한 버팀목 역할을 하고 있다.

큰아이는 사회·경제·역사·정치·과학·문학 등 다양한 장르에 관심이 많았다. 나는 큰아이의 책읽기 습관에 대해 특별히 걱정하지 않았다. 그런데 작은아이는 초등학교 6학년쯤 되니 책에 대한 자기만의 선호 영역이 생겼다. 자기 색깔을 확실하게 드러내기 시작했다. 주로 소설과 판타지 장르를 좋아했다. 걱정도 없지 않았지만 개의치 않기로 했다. 그러다가 기회를 잡아 독서논술학원에 보냈다. 책의 편식을 막아보겠다는 고육지책의 일환이었다.

그러나 소용이 없었다. 작은아이는 자기가 싫어하는 주제나 장르의 책을 붙들고만 있었지 읽어 나가지는 못했다. 학원 숙제도 대충대충했다. 하지만 나는 잔소리를 하지 않고 그냥 지켜보기로 했다. 잔소리를 한들 작은아이가 달라지기는커녕 오히려 하지 않겠다고 떼를 쓰면 더 난감해질 수 있겠다 싶었다.

작은아이는 일요일마다 빈둥거리다 저녁 무렵 독서논술학원에 갔다. 그곳에서 다른 친구들이 발표하는 걸 들으면서 많이 배우는 것 같았다. 책의 배경에 대해 들으면서 이해하는데 도움이 되어서였는지, 나중에 호기심이 생겨서 그랬는지 몰라도 관련책들을 다시 꺼내 읽기도 했다.

내가 내렸던 결론은 아무리 좋은 책도 아이들이 받아들이기 어려운 책은 좋은 책이 아니라는 점이었다. 나는 작은아이가 고른 책을 가급적 우선 읽게 했다. 내가 해 줄 수 있는 일은 작은아이의 부족한 부분을 '티 안 나게' 챙겨주는 게 전부였다. 물론 챙길 수 있으면 다행이고, 아니면 마음을 비워야 했으니까 말이다.

처음엔 나는 열심히 좋은 환경을 만들어 주고 우리 아이들을 이끌어 주면 모든 것이 다 잘될 거라고 생각했다. 하지만 그렇지 않다는 것을 곧 깨닫게 되었다. 시간이 흐르면서 나는 아이들을 있는 그대로 받아들여야 했다. 내 욕심을 내려 놓고 아이들에게 시간을 주고서 기다려 주었다. 결과적으로 보면 아이들은 이런 나를 실망시키지 않았다. 아이들은 자신이 원하는 것에만 관심을 두는 것 같아도, 서서히 자신들이 필요하다고 생각되는 것에도 관심을 갖기 시작했던 것이다.

엄마가 좋은 환경을 만들어 주는 것은 필요하지만, 강요는 금물이다. 그저 아이들을 믿고 아이들 스스로 고민하면서 해야 할 일을 찾아갈 수 있도록 기다려 주면 된다. 자기가 누구이고 무엇을 해야 할지 스스로 파악하는 아이들이라면 어떠한 어려움 앞에서도 절대 흔들리지 않을 테니까!

Tips

1. 영어·수학공부가 우선이라면서 책 읽는 시간을 빼앗지는 말자.
2. 초등학교 고학년일 때에는 아이가 스스로 책을 선택하게 하자.
3. 일주일에 하루 정도는 쉬면서 책을 읽을 수 있도록 해주자.
4. 책 읽기를 그만두고 국어학원으로 보내는 것을 삼가자.

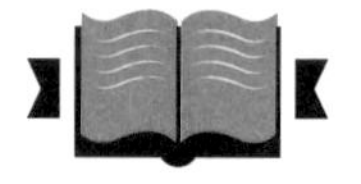

그 아이만의 공부법이 따로 있다!

우리 아이들이 선호하는 책들을 보노라면 각자의 성향이 보였다. 책을 읽고 나서 하는 이야기를 들어보더라도 각자의 성격이 드러났다. 또 두 아이는 책을 읽는 방법도 달랐다. 큰아이는 쭉 줄거리를 잡고 중요 메시지만 끄집어내는 아이였다. 이에 반해 작은아이는 책에서 자기 마음이 닿는 부분에 머물면서 그 부분이 전체인 것처럼 이야기했다.

이렇듯 아이들이 책을 읽고 이해하는 것을 보면서 각자의 머리를 어떻게 쓰는 지도 알 수 있었다. 아이들의 이런 성격을 파악하면서 각자의 공부 방법도 금방 알아차릴 수 있었다. 아이들이 책읽는 방식처럼 공부했기 때문이다.

두 아이 모두 틀린 것은 아니었다. 단지 두 아이가 서로 다를 뿐이었다. 나는 이 사실을 인정하고, 아이들 각자가 지닌 고유한 기질을 살릴 수 있는 방향으로 이끌어 나갔다. 부족한 점이 보이면 인내심을 갖고서 채워주는 식으로 보완해 나갔다. 비록 두 아이 모두에게 긴 시간이 필요했지만, 각자 자기만의 공부법을 완성해 갔다.

큰아이는 사람을 중요시하면서 현실적이고 실용적이었다. 어릴 때부터 지식이나 지혜를 주는 책과, 어느 한쪽에 치우치지 않고 감동을 주는 이야기, 사람이 살아가는 데 필요한 지식을 주는 책을 좋아했다. 다른 사람들이 어떻게 살아가는지도 궁금해했다. 책을 읽을 때에도 중요한 줄거리를 잘 잡으면서 읽어 나갔다. 핵심도 잘 잡았다. 하지만 자잘한 것을 놓치면서 작가가 의도하는 메시지를 종종 잡아내지 못했다. 말하자면 큰아이는 '숲을 보면서 나무를 보지 못하는' 방식으로 책을 읽는 격이었다.

반면에 작은아이는 인간의 마음을 중요시하면서 감성적이고, 아름다운 세상을 꿈꾸는 이상주의자였다. 재미있는 판타지나 감동적인 소설책을 즐겨 읽었으며, 종종 경제나 심리에 관한 책도 즐겼다. 생각이 많은 편이라 자기 생각에서 빠져 나오지 못하기도 했다. 작은아이는 자기가 관심이 있는 책만 읽으려고 했다. 관심이 없는 책은 아예 보지도 않았다. 책을 읽다가 관심이 있는 부분이 나오면 거기에 빠져 다른 면을 보지 못하는 경우가 허다했다. 말하자면 '나무만 보고 숲을 보지 못하는' 방식으로 책을 읽는 격이었다.

이러할진대 크게 다른 두 아이를 같은 교육 방식으로 공부시킨다해서 효과가 있을지 의문이 들었다. 당연히 그 효과도 다를 수밖에 없었다. 큰아이가 다녔던 수학학원에 작은아이를 데려갔을 때다. 선생님이 큰아이와 작은아이를 단순 비교하면 어쩌나 걱정하는 나를 보더니 말했다.

"걱정 마세요. 형처럼 머리가 좋겠죠."

그런데 작은아이의 테스트가 끝난 후 선생님은 아무 말도 하지 않았다. 하지만 그의 표정만으로도 그 결과를 쉽게 예상할 수 있었다.

두 아이는 누구 머리가 더 '좋다/나쁘다'라고 말할 수 없었다. 아이마다 머리 쓰는 방법이 달랐을 뿐이다. 작은아이는 늘 새로운 것에 적응할 시간이 큰아이보다 더 필요한 아이였다. 단 한 번 평가로 그 결과가 전부인 양 말하는 선생님을 나는 신뢰할 수 없었다. 결국 작은아이는 물론 큰아이도 다른 학원에 보낼 수밖에 없었다.

이미 여러 번 경험했음에도 나는 똑같은 실수를 반복했다. 새로운 학원에 테스트 받으러 갈 때마다 꼭 두 아이 모두 데리고 다녔다. 좋다는 학원에 두 아이를 보내고 싶어서였다. 사실 두 아이를 같은 학원에 보내야 내가 편하기도 했다. 그런데 모든 학원의 원장님들은 자연스럽게 두 아이를 비교해 보는 듯했다. 처음에는 우리 큰아이를 좋아하며 똑똑하다고 칭찬도 아끼지 않았다. 작은아이한테는 아무런 관심도 보이지 않았다. 그럴 때마다 나는 마음이 불편해 '이 학원에 보내야 하나?' 망설이기도 여러 번이었다.

그러나 막상 다니고 몇 달 지나면 큰아이에 대한 이야기는 하지 않고, 작은아이가 치고 올라오는 속도가 빠르다며 침이 마르도록 칭찬했다. 상담을 받을 때마다 선생님들의 기준에 따라 두 아이를 단순 비교했기 때문인 것 같다. 이런 이유로 나는 어느 순간부터 큰아이가 다니던 학원에는 작은아이를 보내지 않게 되었다.

사실 엄마인 나도 우리 아이들의 공부하는 방식이 너무 다르다는 걸 한참 뒤에 알았다. 두 아이는 각자의 장점과 단점을 극명하게 드러내며 공부를 했다. 당연히 내가 할 수 있는 건 아이들 각자의 장점을 살려 주고, 약점을 보완해 주는 일뿐이었다.

이런 사실을 몰랐을 때에는 큰아이를 키우던 방식을 작은아이에게 무리하게 적용해 보려고 했다. 큰아이에게 좋았던 것을 작은아이에게도 똑같이 주입시키려 했던 것이다. 그러다 보니 '작은아이를 테스트했던 학원 선생님'처럼 결과가 너무 달라서 당황한 적이 한두 번이 아니었다. 나도 모르게 두 아이를 비교하고 있는 '나쁜 엄마'가 되어 있었다.

이런 사실을 깨달은 뒤부터 두 아이를 절대 비교하지 않겠다고 다짐했다. 그저 다른 아이들이니까 다르게 키우겠다고 마음먹었다. 실제로 두 아이는 비교할 수 없을 만큼 확연히 달랐고, 지금도 완전히 다른 길을 걷고 있다. 두 아이가 같은 대학에 들어갈 때도 큰아이는 수시로 자유전공학부에, 작은아이는 정시로 경영학과에 입학했으니까 말이다.

우리나라의 교육 현실에서는 개개인에게 맞춤식 교육을 제공할 수 없었다. 어쩔 수 없이 너무나 다른 아이들이 빼곡히 앉아서 천편일률적인 수업을 받아야 했다. 애초부터 아이들이 수업 내용을 이해하기도 어려워 공부를 다 잘하기를 기대하는 것은 욕심일 뿐이었다.

학원의 현실도 크게 다르지 않았다. 잘하는 몇몇 아이들 빼고는 다 '들러리'로 전락할 수도 있다. 아이들 하나하나의 눈높이에 맞춰서, 그러니까 배운 것을 소화해내는 능력이 '아이마다 다르다'는 전제하에 가르치는 선생님을 찾아보기도 어려웠다. 학원 선생님들이 알아서 어떤 아이는 이해의 속도가 느릴 수도 있고, 또 다른 아이는 빠를 수도 있다는 것을 판별해 주는 게 편할지도 모른다. 하지만 현실적으로 어려워 이런 사실을 빨리 깨닫고 내 아이만의 공부법을 찾아주는 일은 오롯이 엄마의 몫이었다.

많은 사람들은 큰아이가 똑똑하다고 했다. 하지만 나는 큰아이에 대한 걱정을 내려놓을 수 없었다. 속도 모르는 사람들은 내가 욕심이 많아 괜한 걱정을 한다고 했다. 앞서도 얘기했듯이 큰아이는 평소에도 지루한 것을 참지 못해 건너뛰는 버릇이 있는데다, 중요한 줄거리는 잘 잡지만 자잘한 것은 놓치는 성격의 소유자였다.

이런 성격 때문에 중·고등학교에 들어가 내신 대비를 할 때에 애를 좀 먹을 것이라 생각했다. 학교 내신은 꼼꼼하게 암기해도 쉽지 않을 판인데, 큰아이가 어떻게 교육 과정을 마칠 수 있을지 난감해했던 적이 있다.

고심 끝에 큰아이가 중학교에 입학하기 전 방학 기간 내내 '특별 훈련'을 시켰다. 신문에서 읽을 만한 기사를 골라 큰아이에게 읽고 요약을 해 오도록 과제를 내주었다. 예상대로 큰아이는 기사 내용 중 중요한 것만 골라서 간단히 써 왔다. 하는 수 없이 방학 기간 내내 신문기사를 들고서 큰아이와 씨름했다. 큰아이가 전체를 읽고 구체적이면서 간결하게 요약할 수 있을 때까지 계속 반복해서 시켰더니 조금씩 나아졌다.

나는 큰아이가 이 시기를 잘 견뎌내면 앞으로 자신이 좋아하는 일을 하면서 잘살 것이라고 믿었다. 물론 나는 '잘사는 것'이 꼭 '좋은 대학을 가는 것'이라고 생각하지는 않았다. 큰아이는 책상 앞에 끈질기게 앉아서 공부하는 '힘'도 약했다. 오죽했으면 수학적 머리가 있는 큰아이가 힘들어했던 과목이 수학이었겠는가! '수학 실력은 아이가 엉덩이 붙이고 책상 앞에 오래 앉아있는 능력'에 비례한다는 말이 있지 않던가. 다행히 수학 선생님이 나 대신 큰아이의 '나쁜 버릇'을 잡아주려고 애를 썼다. 내가 할 수 있었던 건 큰아이를 격려하고 기다려 주는 일 뿐이었다.

불행 중 다행이랄까. 중학교 1학년 1학기 시험을 망치고 나서야 큰아이는 달라지기 시작했다. 이후 수학이라는 큰 부담을 극복해 보려고 노력했고, 마침내 큰아이는 원하는 대학에 합격할 수 있었다.

"수학공부가 내신 대비에 도움이 많이 됐어요. 깊이 생각하고 논리적으로 사고하는 걸 배웠으니까요. 수학을 공부하면서 오래 앉아

공부할 수 있는 '힘'도 생겼어요. 책을 꼼꼼히 보지 못하는 문제는 문제집을 풀면서 극복했어요. 특히 암기과목은 문제집을 5~6권 풀었고, 이해하지 못하는 지문은 다 외워 버렸어요."

대학 합격 후 큰아이가 나에게 해 주었던 말이다. 큰아이의 이야기를 들으면서 '세상에 공짜는 없다'는 걸 새삼 느낄 수 있었다.

이에 비해 작은아이는 어려서부터 스스로 해 보겠다는 생각이 워낙 강한 아이였다. 결과가 빨리 나온 것도, 그렇다고 좋은 것도 아니었다. 하지만 꾸준히 노력하는 아이였다. 내가 직접 나서서 관여하기보다는 기다려 줘야 하는 아이였다. 그나마 내가 할 수 있었던 건 작은아이가 '숲'을 볼 수 있도록 도와주는 일 뿐이었다. '숲'을 보는 일은 마인드맵Mind map(마음속에 지도를 그리는 것처럼 줄거리를 이해하면서 정리하기)으로 시도해봤다. 처음부터 끝까지 글을 읽고 중심내용 찾아 보고 기회가 있을 때마다 글을 쓴 사람의 의도를 파악해 보도록 꾸준히 지도했다.

작은아이가 다녔던 논술학원에서는 주로 독서·글쓰기·토론 수업을 했다. 작은아이는 특히 토론 수업에 열심히 참여했다. 용산 도서관에서 주 4회 방학 프로그램으로 하는 무료 토론 수업에도 즐겁게 참여했다. 토론 수업을 일종의 '게임' 정도로 생각해서인지 불평 없이 재미있어하면서 다녔다. 이런 경험 덕분에 영어토론도 열심히 배워 여러 대회에서 좋은 성적을 낼 수도 있었다.

작은아이는 이런 토론 수업과 대회 참가로 다양한 주제를 접할 수 있었고, 다른 사람들의 생각을 엿볼 수 있는 기회도 가질 수 있었던 것 같다. 자연스레 논리적 사고력도 기를 수 있었다.

"엄마가 나에게 시킨 교육 중에 제일 잘한 게 토론 수업이었던 것 같아요."

작은아이가 대학 합격 후 나에게 해 주었던 말이다. 작은아이는 토론을 통해서 자기의 약점을 많이 극복했던 것 같다.

공부할 때는 '나무'도 보고 '숲'도 봐야 한다. 우리 아이들은 책읽기 과정에서 '나무'와 '숲'을 볼 때 각자의 강점과 약점을 파악할 수 있었다. 이는 학습에 큰 도움이 되었을 뿐만 아니라 아이들 각자가 약점을 보완하면서 장점도 살려 자기만의 길을 걸을 수 있게 되었다. 또 '이 길이 아니라면 저 길로 돌아서 가면 된다!'는 법도 배울 수 있었던 것 같다.

두 아이 모두 자신만의 방법으로 자기 길을 묵묵히 걸어왔다. 지금 생각해 보면 그 길은 참으로 고단하고 힘든 과정이었다. 엄마로서 나는 잘 견뎌 준 우리 아이들에게 감사할 따름이다.

Tips

1. 우리 아이의 학습 습관에서 강점과 약점이 무엇인지를 알아보자
2. 아이의 강점을 살려주자.
3. 약점이 있다면 인내심을 갖고 꾸준한 노력으로 보완하도록 이끌어주자.
4. 아이의 성적보다 아이에게 맞는 공부법을 찾아주자.

수학 선행학습, 진도보다 '진짜 이해'가 중요하다

너무나 고맙게도 주변 사람들이 큰아이에게 수학공부를 시키지 않는다며 걱정해 주었다. 5학년이 될 때까지 수학학원에 보내지 않아서였다. 오죽하면 학교 선생님인 큰아이 친구의 엄마는 자신의 아이가 수학공부를 너무 늦게 시작해서 고생을 많이 했다고 하소연까지 하면서 설득했을까. 더 늦지 않게 우리 큰아이를 수학학원에 보내라는 진심어린 충고였다.

사실 수학학원을 다니지 않아서 그렇지, 큰아이가 수학공부를 하지 않은 것도 아니었다. 나 또한 다른 아이들이 너무 빨리 선행학습을 하는 걸 보면서 불안한 마음이 들어 큰아이도 초등학교 5학년부터는 학원에 보내기로 작정했던 터다.

남편 친구들의 부부 동반 모임에 목소리가 유난히 큰 부인이 있었다. 중학생인 그녀의 아이는 선행학습을 안 하고도 전교 1등이라고 했다. 이런 이유를 들어 그녀는 선행학습이 필요 없다고 강력하게 주장했다.

귀가 솔깃한 이야기인지라 옆에 앉아서 "정말로 선행학습 안 해도 돼요?"라고 몇 번이나 다시 물었다. 그녀는 아주 단호하게 "선행학습은 할 필요가 없어요!"라고 확언을 해 주었다. 이 한마디에 나는 오랜만에 마음의 평화를 얻을 수 있었다.

그런데 1년 후, 모임에서 다시 만난 그녀는 달라 보였다. 자신의 아이가 고등학교를 갔는데 선행학습을 안 해서 망쳤다고 했다. 또 학원에서 자신의 아이가 들어갈 반이 없다는 말도 했다. 도대체 어떻게 전교 1등을 했던 아이가 망칠 수 있단 말인가! 그 이후 나는 그녀를 만나지 못해서 대답을 듣지 못했다. 그렇게 믿었던 사람마저 무너졌으니 우리 아이들에게 선행학습을 시켜야 하는 것은 당연해졌는지도 모르겠다.

잘 알고 지내던 수학 선생님도 가급적 선행학습을 하는 게 좋다고 했다. 선행학습을 하면 제 학년의 심화된 수학 문제를 쉽게 풀 수 있다고 했다. 또 고등학생 때에는 수학 문제의 난이도가 높아지고, 배워야 하는 양도 많아진다고 덧붙였다. 이런 성화에 못 이겨서 큰아이를 초등학교 5학년 때 수학학원에 보내게 되었다.

막상 학원에 가서 보니 왜 사람들이 나를, 그리고 큰아이를 걱정했는지 알 수 있었다. 많은 아이들이 수학공부를 일찍 시작해서 벌써 진도가 많이 나가 있었다. 진도가 빠른 아이들은 아직 초등학생인데도 중학교 3학년 수학을 하고 있었다. 곧 고등학교 수학도 한다고 했다. 큰아이는 다른 아이들이 수학 진도를 많이 나간 걸 알게 되자 초조해했다. 그때 나도 중심을 잡을 수 없을 정도로 마음이 심란하고 불편했다. 이런 상황에서 '수준이 떨어지는' 큰아이가 갈 만한 학원은 동네학원밖에 없었다. 왔다갔다할 시간을 줄일 수 있어서 좋다며 큰아이를 위로하면서 이런 현실을 받아들이기로 했다.

큰아이는 그 나이에 수학은 물론 영어도 해야 했으니 시간이 없어 발만 동동 굴렀다. 더군다나 나는 '아이들이 무엇을 하든 항상 학교 숙제를 다하고 다녀야 한다'는 소신을 갖고 있었다. 학교 숙제를 하지 못하면 학원에 다닐 필요가 없다고 단호하게 말하기까지 했다. 그런데 큰아이는 학원에서 내준 숙제조차 매번 다 끝내지 못하고 다니는 실정이었다.

하루는 학원에서 돌아온 큰아이에게 소리를 질렀다.

"너 당장 나가! 너 숙제 안 하고 다니려면 학원도 그만둬!"

큰아이는 그 길로 집을 진짜 나가 버렸다. 나는 내가 한 짓을 후회했고, 저녁에 집에 돌아온 남편도 아무리 화가 나도 "집을 나가라는 소리를 하면 안 되는 거잖아!"라며 나를 나무랐다. 그때 나도 '그놈의 수학이 뭐 그리 대단해서 이성까지 잃었나' 싶었다.

사실 큰아이는 잘하고 싶어 했다. 오히려 내가 '숙제를 다 못해 가는 데는 이유가 있겠지'라는 생각을 해 주어야 했다. 큰아이가 뒤늦게 진도를 따라가느라고 힘들다는 생각을 못했던 것이다. 적어도 큰아이에게 학원에 적응할 시간을 줘야 했는지도 모르겠다. '시간이 해결해 줄 거야' 하고 느긋하게 마음을 먹었으면 좀 낫지 않았겠는가! 결국 큰아이가 귀가한 뒤 나는 너무 조급해했던 일을 사과했다.

"숙제는 다해 가야 한다."

그 일은 이렇게 일단락 지어졌다.

초등학교 6학년 무렵 큰아이는 진도를 무작정 따라갔다. 그 당시에 종합 문제집인 《개념원리 중학수학 3-1》을 풀고 있었다. 하지만 큰아이는 고작 문제 중 50~60%만 제대로 풀어내고 있었다. 그런데도 선생님은 수학 진도를 나가는 게 우선이라고 말했다. 주변 사람들의 의견도 비슷했다. 잘 알고 지내는 수학 선생님조차도 이렇게 말했다.

"엄마는 모른 체하고 가만히 있으면 돼요."

큰아이도 "더 이상 친구들한테 뒤처지고 싶지 않아요"라면서 계속하겠다는 의사표시를 했다.

마침내 나는 큰아이가 수학공부를 하는 데 대해 '더 이상 참견하지 말자'고 결심했다. 어떻게 하는지 알려고도 하지 않은 채 가만히 지켜보고 있었다. 솔직히 내 마음 한구석이 타들어 가듯이 답답하기만 했다.

중학교 2학년 말에 큰아이도 간신히 《수학의 정석: 수학(상)》을 끝냈다. 중2 겨울방학 때 《수학의 정석: 수학(하)》를 시작하기로 했는데 사정이 생겨 새 학원으로 가게 되었다. 새로운 학원 선생님은 큰아이를 테스트해 보더니 《수학의 정석: 수학(상)》을 다시 풀게 했다. 빈구석이 많아서 진도를 나갈 수 없다고 했다. 당장 진도 나가기를 기대했던 큰아이는 울어 버렸지만, 다른 방법이 없어 그 선생님이 시키는 대로 할 수밖에 없었다. 큰아이와 나는 어차피 이미 배웠던 거니까 빨리 뗄 수 있을 것이라며 위안을 삼았다.

그런데 설상가상으로 그 선생님은 중학교 3학년 2학기 수학도 잘 되어 있지 않다고 했다. 큰아이가 인터넷강의를 통해 혼자서 개념만 정리했기 때문에 구멍이 나 있었던 것이다. 그 선생님은 하던 과정을 멈추고 중학교 3학년 2학기 수학으로 되돌아갔다. 한번 잘못 배운 걸 뜯어고치는 건 이렇듯 더 힘들었다. 차라리 처음부터 진도를 차근차근 나갔더라면 좋을 뻔했다는 생각이 들었다.

중학교 3학년 겨울방학 때 큰아이의 친구 엄마가 수학학원을 소개해 달라고 했다. 내 소개로 그 친구는 큰아이가 다니는 수학학원에 고등학교 2학년 수학을 배우러 왔다. 그런데 공부를 잘했던 그 친구조차도 고등학교 1학년 수학을 다시 해야 했다. 그 친구의 엄마가 억울하다며 눈물을 내보였다. 그 친구는 서울 대치동에서 유명한 선생님한테 《수학의 정석: 수학(상·하)》를 3~4번은 족히 반복해서 공부했다고 한다.

나는 그 친구의 엄마를 통해 대치동에는 《수학의 정석: 수학(상·하)》를 무려 10번이나 반복해서 공부한 아이들도 있다는 걸 알게 되었다. 문득 우리 아이들에게 수학공부를 너무 일찍 시키지 않은

게 그나마 다행이라는 생각이 들기도 했다. 큰아이가 조금이라도 일찍 다시 돌아가 공부할 수 있었으니 말이다. 오죽하면 그 친구의 엄마조차 그 수학선생님을 그 때라도 만나게 된 것이 행운이라고 했을까!

그동안 내가 했던 경험을 기반으로 좋은 선생님의 역할에 대하여 나름 규정해 볼 수 있었다.

"아이들이 자신의 머리를 최대한 쓸 수 있도록 도와준다. 또 아이들이 스스로 공부할 수 있는 분위기를 만들어 준다."

그런데 큰아이가 다니던 수학학원의 선생님에게 소개해 준 아이들 중 일부는 그 선생님이 아무것도 가르쳐 주지 않는다고 투덜대면서 그만두기도 했다. 그 선생님은 아이들 스스로 할 수 있다고 생각하면 가르쳐 주지 않고, 스스로 해결할 때까지 지켜보기만 했기 때문이다. 말하자면 그 선생님은 아이들 혼자서 머리를 싸매고 끙끙거리며 풀 수 있을 때까지 기다려 주는 스타일이었다. 그래도 알려 달라고 하면 '사랑의 매'를 들며 가르쳐 주곤 했다. 대충 이럴진대 시간이 얼마나 오래 걸렸겠는가! 수학 진도를 빨리 나가고 싶은 사람은 다니지 못하는 학원이었다.

그러나 우리 아이들은 그 선생님의 지도하에 수학의 빈구석을 채워가면서 공부 태도까지 바뀌어 갔다. 대학 입학 후 큰아이가 말했다.

"그때 수학공부를 한 게 다른 과목의 내신 대비에도 도움이 되었어요."

나중에 안 사실이지만 중학교 3학년 겨울방학 때에는 대부분의 아이들이 고등학교 1학년 수학인 《수학의 정석: 수학(상)》을 공부했다. 먼저 수학공부를 시작한 아이들이 이미 여러 번 보고 왔더라도 늦게 시작한 아이들과 마찬가지로 다시 시작했던 것이다. 지금 생각해 보면 그렇게 쫓기듯이 수학공부를 할 필요가 있었나 싶다.

수학도 영어처럼 빠진 구석이 없도록 꼼꼼하게 하면 된다. 큰아이가 처음에 시행착오를 했던 경우를 제외하고, 우리 아이들은 《수학의 정석: 수학(상·하)》을 한 번 이상 배운 적은 없다. 한 번을 하더라도 제대로 보는 것이 좋다. 수학공부를 할 준비가 되어 있을 때 집중해서 제대로 하면 되는 것이다. 수학을 빨리 배운다고 이해가 더 잘되는 것도 아닐 테니까.

Tips

1. 한 문제를 풀더라도 학생 스스로 풀어보는 훈련이 필요하다.
2. 다른 아이의 진도에 신경 쓰지 말자.
3. 수학 선행학습은 빨리 하는 것보다 제대로 하는 것이 중요하다.
4. 수학공부를 제대로 하면 공부 습관이 잡혀 다른 과목도 잘할 수 있다.

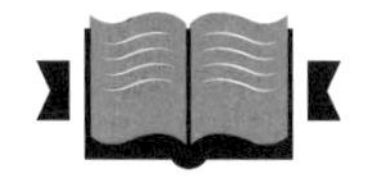

꿈을 이루는데
영어가 필요한 이유 알게 하기

초등학교 5학년부터 중학교 2학년까지는 영어공부를 집중적으로 해야 한다. 인터넷 덕분에 국경이 없어진 지 어느덧 30년이 다 되어가지 않는가! 이런 세상에서 영어 실력은 살아가는 데 필수조건이다.

유아기 때 영어에 많이 노출을 시켰든 시키지 않았든 상관없다. 지금부터라도 열심히 하면 결코 늦지 않는다. 엄마와 함께 집에서 인터넷이나 TV로 영어를 배워도 좋다. 학습지나 학원을 이용해 배워도 좋다. 매일 조금씩 꾸준히 하는 게 제일 중요하다. 꼼꼼하게 다지면서 영어를 배우면 된다.

영어를 처음 시작하는 시기에 파닉스를 배우면 읽기에 부담이 없어진다. 영어를 소리 나는 대로 쓰면 되니까 영어 학습 초기에 아이들이 겪는 읽기·쓰기 스트레스를 덜어줄 수 있다. 하지만 파닉스를 배우지 못했어도 별 문제는 없다. 영어를 배우면서 단어와 문장을 반복해서 듣고 따라 읽다 보면 스스로 파닉스의 규칙을 찾아낼 수 있기 때문이다. 아이들의 영어공부가 늦었다고 걱정하는 엄마들이 있는데, 아직 늦지 않다. 늦었다 싶을 때 영어공부를 시작해도 1년만 열심히 하면 영어유치원을 다니면서 공부한 학생보다 더 잘할 수 있다.

영어는 배우려는 열정만 있으면 할 수 있다. 아이들에게 영어를 배워야 하는 동기를 부여해 주면 더욱 좋다. 영어공부는 끈기와 인내가 필요하고, 매일 조금씩 해야 가장 효과적이기 때문이다. 우리말이 그렇듯이 영어도 반복적으로 공부하다 보면 기억이 된다. 처음에는 영어 실력이 늘지 않는 것 같지만 어느 순간에 영어의 말문이 '빵'하고 터질 정도로 실력이 쑥 올라갈 수 있다.

아이들에게 영어를 공부하라고 말하기 전에 영어를 배우고 싶은 환경을 만들어 주는 게 먼저다. 일단 아이들이 무엇을 좋아하는지, 무엇을 하고 싶어하는지 관심을 가지고 지켜보면 된다. 가령 영어 배우기를 싫어하고, 가수나 탤런트가 되고 싶다는 아이들이 있다고 하자. 이런 아이들에게 영어를 배워야 하는 이유를 설득력 있게 말해 주면 된다. 요즘 한류열풍으로 가수들이나 탤런트들이 외국에서 활동하는 경우를 예로 들어 이야기해 주면 더 좋을 것 같다.

또 아무 꿈도 없이 대학에 가려는 아이들이 있다고 하자. 아이들이 영어를 잘하면 대학에서 좋아하는 일을 할 수 있다고 구체적인 사례를 들어 이야기해 주면 알아 듣기도 편하다. 사회에 나가서도 영어가 필요한 이유를 덧붙여 주면 더욱 좋겠다. 아무 생각 없이 '그저 남들이 하니까 영어를 배우는 것'이라면 아이들에게 '고문'이 될 수 있다. 하지만 '왜 영어를 해야 하는가?'를 알고 배우면 아이들은 어떻게든 더 열심히 영어를 배우려고 할 것이다.

초등학교 5학년부터 중학교 2학년까지는 기본적인 문법을 쉽게 적용할 수 있도록 제대로 배워야 한다. 잘못 배우면 바로잡는 데 시간이 더 걸린다. 기본적인 영어 문법을 먼저 간단히 배운 뒤 읽기·쓰기·듣기·말하기 등 4가지 영역을 균형 있게 배우면 좋다. 문법을 배우면 영어 문장이 어떻게 구성되어 있는지 빨리 이해할 수 있기 때문이다. 영어 문장을 만드는 것도 쉬워진다. 말하기와 쓰기가 부담이 된다면 시간적 여유를 갖고서 미뤄두고 우선 듣기와 읽기부터 시작하면 된다.

일주일에 2~3일이라도 영어를 '듣고 읽으면서' 새로운 단어가 나오면 일단 외우게 하자. 간단한 문장이나 잘 쓰는 문장을 2~3개씩 매일 외우면 더욱 좋다. 외운 문장을 입으로 내뱉고 쓸 수 있다면 2~3개월 후에는 영어가 두렵지 않게 될 것이다. 점점 양을 늘려가면서 단어와 문장을 외워 나가다 보면 영어에 익숙해진다. 영어 실력이 향상되는 것을 느끼면서 자연스레 아이들은 할 수 있다는 자신감도 가질 수 있다.

아이들이 영어공부에 대한 부담을 갖지 않게 될 때 영어공부를 집중적으로 시키면 된다. 특히 중학생 때부터는 공부의 양을 늘려 일정 수준까지 끌어올려야 한다. 그러면 아이들이 영어공부를 한결 수월하게 할 수 있다. 영어 실력이 어느 정도 수준에 도달하면 아이들은 고등학생 때부터는 수학에도 많은 시간을 투자할 수 있다. 따라서 고등학교에 입학하기 전 수학을 선행학습할 시간에 영어를 튼튼히 해 두는 것이 좋다.

큰아이는 영어공부를 많이 해둔 덕에 고등학생이 되면서 수학공부에 거의 모든 시간을 쏟을 수 있었다. 지금은 대학생이 된 큰아이가 내게 해 주었던 인상적인 이야기가 있다.

"중학생 때 영어를 많이 해둔 게 수능 준비에 도움이 많이 됐어요. 영어까지 해야 하는 부담이 있었으면 시간이 너무 없어 힘들었을 것 같아요. 그 와중에 수학공부도 엄두가 나지 않았을 거고요. 또 그때 배운 영어 덕분에 대학에서 전공 공부를 하는 데도 전혀 무리가 없었어요."

작은아이는 영어책도 좋아했다. 어린 나이에 영어를 배워서인지 영어에 대한 부담감도 전혀 없었다. 그러다 보니 자신이 잘하는 게 영어라고 생각해서 외국어 고등학교에 지원하기도 했다. 사춘기를 겪으면서도 교내 영어토론 대회나 모의UN, 영어경시, 영어독서경시 등에 즐겁게 참가했다. 작은아이는 자연스럽게 자기 실력을 쌓으면서 자존감도 가질 수 있었던 것 같다. 작은아이 역시 큰아이처럼 영어에 대한 부담감이 없어서인지 거의 모든 시간을 온전히 수학공부에 쏟을 수 있었다고 해도 과언이 아니다.

이외에도 영어는 종종 이해력과 추론 능력이 요구되지만, 그것 또한 걱정하지 않아도 된다. 영어 실력을 기본부터 차근차근 쌓아가다 보면 영어 지문을 많이 접하면서 이해력과 추론 능력도 자연스레 좋아진다. 물론 평소에 우리말로 된 책을 많이 읽고 이해력과 추론 능력을 갖춘 아이들의 영어 실력이 더 빨리 향상된다.

이와 같은 과정에는 꾸준한 노력이 필요하므로 아이들의 의지가 무엇보다 중요하다. 이때 아이들에게 동기부여를 잘 해 주어야 어려운 고비를 넘길 수 있다.

Tips

1. 영어를 배우고 싶도록 동기부여를 해주자.
2. 영어를 생활화하여 매일 조금씩 배우게 하자.
3. 영어 기본 문법을 리딩과 함께 먼저 배우자.
4. 초등학교 5학년부터 중학교 2학년까지 고급 영어 수준으로 끌어올리자.

공부에 따른 피로를 씻고 에너지를 재충전시켜준 가족여행

초등학교 5학년부터 중학교 2학년까지는 아이들하고 많은 시간을 같이 할 수 있도록 노력해 보라. 아이들이 너무 어렸을 적 경험은 잘 기억하지 못하는 경향이 있지만, 이 시기의 경험은 많이 기억한다. 가족끼리 여행이나 야외 활동을 하면서 아이들은 가족과 가까운 관계를 맺고 소통한다. 가족과 함께하는 시간에 아이들은 마음의 안정을 찾는다.

어른들이 생각하는 것 이상으로 아이들은 부모의 관심과 애정을 많이 기대한다. 또한 가족과 화목한 시간을 보내면서 가정에 대한 소중함을 간직할 수 있게 된다. 특히 가족끼리의 여행은 서로가 애정을 느낄 수 있는 아주 좋은 기회다. 가족과의 관계가 좋은 아이들이 학교생활도 잘하고 학습 효과도 좋다. 이와 관련하여 《SKY 가족여행 놀면서 공부하기》의 저자 양영채 '우리글진흥원' 사무총장이 가족여행과 공부의 연관성에 대해 시사해 준 바가 크다.

"많은 부모들이 여행을 공부와 상관없는 시간 낭비라고 생각하는 것이 아쉽다. 눈에 보이지는 않지만 여행은 훌륭한 미래 투자라고 생각한다. 여행을 하면서 폭넓은 지식을 얻을 뿐만 아니라 가족 간의 애정도 깊어지기 때문이다."

초등학교 5학년 정도만 되어도 아이들이 바빠서 가족끼리 함께 식사할 시간도 없다. 하지만 우리 가족은 어떻게든 시간을 내어 가족여행도 떠나고 놀이공원도 가려고 노력했다. '놀아야 에너지가 생긴다'는 신념하에 틈틈이 야외에서 시간을 보내려고 했다.

"나중에 후회하지 말고 그만 돌아다니세요. 아이들 공부 좀 시켜야지요."

아는 엄마들로부터 이런 소리까지 들을 정도였다. 그럼에도 우리 가족은 자유롭게 떠났다. '문화 답사'를 가더라도 사전 조사 같은 준비 없이 무작정 떠났다. 두 아이는 풀어만 놓으면 잘 놀았다. 3박 4일 일정으로 경주에 갔을 때도 그랬다. 가는 곳마다 문화해설 봉사자들이 있어서 설명을 잘해 준 덕분이기도 했다. 두 아이는 궁금한 게 있으면 직접 문화해설 봉사자를 찾아가 묻기도 하면서 체험 활동을 자유롭게 즐길 수 있었다.

큰아이는 그룹지어 데리고 다니면서 역사 체험 활동을 하는 프로그램에도 참가했다. 경주나 부여·공주 등을 돌아다니며 '활 만들기', '조롱박으로 바가지 만들기' 등의 활동을 하고 다녔다. 처음에 나는 편하고 좋았지만, 점점 마음이 불편해졌다. 일요일에도 아침 일찍 집을 나서는 큰아이가 불쌍해 보이기도 했다. 문화 체험을 한다는 건데 공부하듯 다녀야 하나 싶기도 했다.

아이들은 선생님이 짜놓은 일정에 맞춰 시간에 쫓기듯 다녀야 했다. 게다가 각자가 보고 싶은 게 따로 있어도 선생님의 지시에 따라 움직여야 했다. 또 참가하는 아이들마다 성향도 달라서 서로에게 방해가 되기도 했다.

결국에는 큰아이가 역사 체험 활동에 흥미를 잃고 말았다. 보고 싶은 걸 맘대로 충분히 볼 시간도 없었고, 선생님의 지시에 따라 박물관이나 유적지를 쫓기듯이 다니는 것도 싫었기 때문이 아닌가 싶다. 자유롭게 보고 놀면서 다녔던 큰아이한테는 당연했을지도 모른다.

그 이후부터 우리는 다시 가족끼리 여행을 다녔다. 큰아이가 고등학생이던 때에도 1박 2일짜리 짧은 여행을 다니곤 했다. 고등학교 2학년 1학기 기말고사가 끝나는 날에 가까운 바닷가로 가족 여행을 가기로 계획을 세웠을 때다. 그런데 시험 끝나기 하루 전날에 '시험 끝난 다음 날에 보충수업을 한다'는 문자를 받았다. 갑작스런 문자에 당황했지만 우리 가족은 계획대로 여행을 떠났다. 어차피 시험도 끝났으니 20명 중에 몇 명은 빠지겠지 싶었다.

나중에 안 사실이지만 큰아이만 빠지고 19명 모두 출석했다고 한다. 담당 선생님에게 고등학교 2학년생을 데리고 놀러 다닌다며 한소리 듣기도 했다. 하지만 잠깐의 짬을 이용한 즐거운 여행이었던 만큼 후회는 없었다.

이후에도 우리 가족은 한 학기의 기말고사가 끝나면 맛있는 것을 먹으면서 놀다 오는 여행을 떠나곤 했다. 우리 아이들은 여행을 다녀오면 더욱 생기 있고 에너지가 넘쳐 있어 엄마로서 나는 그 모습이 보기에 좋았다. 지금도 우리 가족은 시간 나는 대로 함께 여행을 떠난다.

Tips

1. 기회 있을 때마다 가족끼리 함께할 수 있는 여행이나 체험 활동을 하자.
2. 여행 기간 동안 일이나 공부 이야기는 NO!
3. 가족과 함께 야외 활동을 하면서 자유롭게 보고 느끼자.
4. 여행하면서 자연스럽게 대화의 문을 열자. 이때 잔소리는 NO!

중학교
3학년부터
고등학교
졸업까지

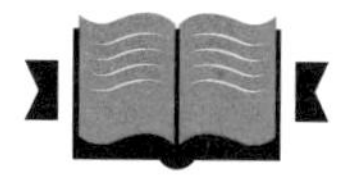

책 읽기는 모든 과목의 이해에 기반이 된다

진정한 독서는 중학교 3학년 때부터라고 생각한다. 사실 많은 사람들이 책이 좋다는 건 알고 있다. 엄마들은 아이들에게 책을 읽게 하려고 많은 노력을 한다. 실제로 유아기나 초등학교 2~3학년 때까지는 아이들이 책과 관련된 활동을 하고 있다고 보면 된다. 그런데 아이들이 4~5학년만 되어도 엄마들의 그 열정은 어디에서도 찾을 수가 없다. 왜 그럴까? 엄마들이 '결과가 당장 보이지 않는 책 읽기에 쓸 시간이 없다'는 생각을 갖고 있기 때문이다.

내가 우리 아이들 교육을 하면서 참 잘한 것을 말하라고 하면, 아이들이 중학교 3학년이 될 때까지 책을 읽을 수 있는 환경을 만들어 주었다는 점이다. 다시 말해 공부 때문에 아이들에게서 책 읽을 시간을 빼앗지 않았다는 것이다.

중학교 3학년쯤이면 내신 준비 공부를 해야 하는 것도 맞다. 아이들은 중학교 내신도 챙겨야 하고, 영어·수학학원에 다니면서 숙제하기도 바쁘다. 본격적으로 수학공부를 시작하면 책 읽을 시간은 더욱 없어진다. 아니, 수학공부를 하다 보면 책을 멀리하게 된다. 하지만 이때에는 자아가 생기는 시기인 만큼 아이들이 책을 읽는 것은 매우 중요하다.

또 책을 많이 본다는 것은 엄청난 내공을 내 안에 품고 사는 것과 같다. 아이들이 왜 공부를 해야 하는지 알게 해야 한다. 무엇을 하며 어떤 가치를 가지고 살아야 의미가 있는지 생각해 보게 해야 한다. 생각을 하고 자란 아이는 뭐가 달라도 다를거니까 말이다.

그나마 큰아이가 중학교 3학년이던 때에는 주변에 책을 읽는 아이들이 더러 있었다. 그런데 3년 차이인 작은아이가 초등학교 5~6학년이 될 무렵에는 또래 친구들 중에 《수학의 정석》을 들고 다니는 아이들은 있었지만, 책을 읽는 아이들은 흔치 않았다. 중학교 1학년 때에는 수학을 한다는 이유로 책을 읽는 아이들을 아예 찾아볼 수가 없었다. 그렇다고 해서 아이들이 수학을 딱히 잘하는 편도 아니었지만….

지금 초등학교 3학년인 조카는 '사고력 수학'을 한다며 유치원 때부터 학원에 다닌다고 했다. 그래도 조카는 '사고력 수학'을 가르치는 학원만 다니는데, 조카의 또래 친구들은 수학학원만 3군데나

다닌다고 했다. 너무 놀라서 젊은 엄마한테 물었더니 당연한 듯이 반응했다. 이처럼 아이들의 성장 단계는 비슷한데 선행학습은 점점 빨라지고 있다. 특히 수학 선행학습이 더욱 빨라지면서 책 읽기가 밀려나는 기이한 현상마저 벌어지고 있다.

아이들이 독서에 재미를 느끼고 습관화하는 걸 수학보다 먼저 해야 한다. 수학도 책을 읽으면서 언어영역을 단단하게 다져둔 아이들이 더 잘한다고 생각한다. 책을 많이 읽은 아이들은 대체적으로 문제를 정확히 읽고 파악하는 능력이 뛰어나기 때문이다.

아이들의 두뇌 발달 과정에서 논리력이 제일 늦게 형성된다고 한다. 그런데 초등학교 3학년 아이들이 받아들일 준비도 제대로 되지 않은 상태에서 수학 선행학습을 하느라 시간을 전부 허비하고 있는 실정이니 아이러니가 아닐 수 없다. 이런 아이들이 책하고 멀어지는 것은 당연할지도 모른다.

책하고 일찍 멀어지면 다시 가까워지기는 어렵다. 지금까지 애써 노력해 온 게 허사가 되고 마는 셈이 된다. 이런 이유 때문에 나는 초등학교를 다니는 아이들을 둔 엄마들에게 이렇게 조언해 주곤 했다.

"아이에게 '무조건' 책을 많이 읽게 하세요!"

그런데 고등학생 아이를 둔 한 엄마가 반론을 제기했다.

"나도 아이한테 책도 많이 읽혔고 논술 수업도 시켰는데요, 아무 소용도 없었어요."

이 엄마에게 내가 되물었다.

"초등학교 저학년 때까지만 시켰겠죠?"

그 엄마는 순순히 인정했다.

다시 한번 강조하건대, 아이들이 꾸준히 책을 읽을 수 있도록 엄마들이 잘 이끌어 주어야 한다. 모든 일에는 마무리가 중요한 것처럼 공들였던 책 읽기가 국어공부로 이어질 수 있도록 더욱 신경써야 한다. 사실 '고등학교 국어'를 빨리 시작하는 경우, 중학교 3학년 때부터 시작하기를 권한다. 재미있게 보던 책을 계속 읽게 하면서 아이들의 수준에 맞는 역사·사회·문화·경제 등 교양서도 같이 읽으면 좋다.

나도 큰아이와 작은아이에게 중학교 3학년 때까지 많은 책을 읽게 했다. 학원에서 고등학교 입학 전까지 팀으로 운영하는 '필독서 읽기 프로그램'에 참여시킨 적도 있었다. 그런데 큰아이 때도, 작은아이 때도 이 '필독서 읽기 프로그램'에 참여한 아이들이 중간에 조용히 사라졌다. 마지막 2명이 남을 때까지 운영되었는데, 그중 1명이 우리 아이였다. 그 아이들의 엄마들이 공통적으로 하는 말이 고등학교 입학 전에 할 것이 너무 많다고 했다.

안타까운 일이었다. 엄마들이 좀 더 긴 안목으로 무엇이 더 중요한지 생각했더라면 그런 결정을 하지 않았을 것이다. 책 읽을 시간이 없는 고등학생 시절에 오히려 더 좋은 효과를 낼 수 있다는 사실을 엄마들이 미처 깨닫지 못했는지도 모른다.

사실 우리 아이들은 책을 많이 읽은 덕분인지 국어를 잘하는 편이었다. 책읽기가 자연스럽게 국어 실력으로 이어지지 않았나 싶다. 특히 고등학교 국어 실력은 국어시험에 교과서 밖의 지문이 나왔을 때 책읽기의 효과가 분명하게 드러났던 것 같다. 평상시에 다양한 책을 읽은 아이들한테 유리한 것은 당연했는지도 모른다.

아시다시피 영어시험이 절대평가가 된 결과로 수능에서 국어와 수학의 비중이 커지고 있다. 특히 시험의 변별력을 높이기 위해 국어의 난이도를 조정하는 경우가 많아 국어는 대학 입시에서 중요한 과목이 되고 있다. 책을 읽어야 하고, 국어 공부를 소홀히 해서는 안 된다고 강조해서 말하는 이유도 여기에 있다.

서울 대치동 학원들의 국어 선생님들은 "국어가 어려워지기도 했지만, 요즘 아이들이 글을 못 읽는 게 더 큰 문제다"라고 말한다. 아이들의 읽기·쓰기 능력이 많이 떨어졌다는 얘기다. 교육전문가들도 "우리나라 학생들의 국어공부 양이 수학공부 양에 비해 훨씬 적다 보니, 국어가 어렵게 느껴지는 것"이라고 지적한다.

나는 아이들이 책을 읽지 않은 것도 국어를 잘 못하게 된 원인 중 하나라고 생각한다. 아이들은 텍스트 중심의 책이나 긴 글 대신 유튜브 동영상이나 웹툰을 보는 데 익숙하고, 카카오톡 등으로 단문을 주고받아서인지 아주 간단한 말이나 문장만 쓴다. 이는 책 읽기의 중요성을 아무리 강조해도 지나치지 않은 이유이기도 하다.

우리 아이들이 어렸을 때에는 어디를 가든 아이들이 지루해할까 봐 책이나 스케치북과 색연필을 준비해서 다녔다. 그런데 요즘 식당 같은 곳에서는 아이들이 스마트폰으로 유튜브 동영상을 보는 경우를 흔히 볼 수 있다. 다른 사람들에게 방해가 되는 것은 차치하더라도 아이들을 위해서라면 이런 행동을 삼가는 것이 좋겠다. 이런 아이들은 '책보다 재미있는 것이 있다'는 생각을 하게 되어 책하고 친해지기 어렵기 때문이다.

큰아이는 고등학교에 가서야 '고등학교 국어'를 시작했다. 큰아이가 중학교 3학년 때 설명회에서 만났던 모든 엄마들이 국어 모의고사 문제지를 10 세트 정도는 풀고 고등학교에 가야 한다며 야단법석을 떨었다. 나는 고등학교에 가서 해도 늦지 않다고 생각했기 때문에 여기에 휩쓸리지 않았다.

그런데 내가 우리나라의 입시에 대해 아무것도 몰랐다는 사실을 뒤늦게 알았다. 큰아이가 고등학교 1학년 3월 모의고사를 본 뒤 그 결과를 보고서야 왜 그 엄마들이 야단법석을 떨었는지 알게 되었다. 큰아이는 모의고사 국어 문제 중 80% 정도를 풀고 나머지 문제는 시간이 없어 '찍었다'면서 투덜거렸다.

"왜 난 모의고사 문제를 푸는 학원에 안 보내 주셨어요?"

큰아이한테 미안했다. 큰아이는 워낙 빨리 읽는 편인지라, 국어 문제를 다 풀지 못했다는 것을 이해할 수 없어 당황스러웠다. 다행히 서둘러 국어공부를 할 수 있도록 조치를 취해서 큰아이는 금방 따라잡을 수 있었다. 책읽기로 다져진 기본이 있었기 때문에 빠른 회복이 가능했던 것 같다. 이는 어쩌면 전화위복이 되었는지도 모른다. 큰아이가 고등학교에서 첫 모의고사를 망쳤기 때문에 국어공부를 더 열심히 할 수 있었다고 생각한다. 큰아이는 자신이 부족한 걸 깨달아야 열심히 하는 성격이었다.

큰아이가 동생한테는 고등학생이 될 준비를 일찍 시켜주라며 내게 신신당부했다. 나 또한 작은아이의 공부 스타일을 보면서 미리 준비하는 것이 좋겠다 싶었다. 큰아이의 조언 대로 작은아이를 중학교 3학년 때부터 '고등학교 국어'를 가르치는 학원에 보냈다. 그런데 작은아이는 국어학원에 한 번 갔다 오더니 '고등학교 국어'를 하지 않겠다고 했다. '고등학교 국어'를 왜 일찌감치 해야 하는지 모르겠다는 게 작은아이의 반대 이유였다.

다행히 작은아이는 국어학원을 다니지 않아도 중학교에서 국어를 꽤 잘하는 편이었다. 이런 작은아이에게 국어공부를 억지로 시킬 수는 없어서 하고 싶은 대로 내버려 두었다. 큰아이와 마찬가지로 부족하다고 느끼면 더 열심히 할 것이라는 믿음도 있었기 때문이다. 그런데 큰아이처럼 작은아이도 고등학교 1학년 3월 모의고사를 망쳤다. 큰아이처럼 시간이 부족해서 문제를 다 풀지 못했던 것이다. 작은아이도 국어시험에서 '참패'한 후에야 본격적으로 국어공부를 시작했다.

사실 모의고사를 준비하기 위해서 꼭 해야 하는 공부가 따로 있었다. 일단 고전이나 문법을 공부해야 하고, 문제를 정해진 시간 안에 푸는 훈련도 필요했다. '수능 국어'는 아이들이 대학에서 학업을 할 수 있는 능력이 있는지 평가하기 위한 것이라고 생각한다. 빠른 시간 안에 정확히 읽고 이해와 추론도 잘해야 높은 점수를 받을 수 있다. 이런 시험에서는 책읽기를 생활화해 온 아이들이 유리하다는 것이 나의 지론이다.

솔직히 나는 우리 아이들이 평소에 책을 많이 읽어둔 게 고등학교에서 국어공부를 하는데 이렇게 도움이 될지 예상치 못했다. 지금까지 해온 책읽기가 아이들의 지식 축적은 물론, 이해력·사고력·문제 해결력 등의 향상에도 도움이 되었다고 확신한다. 이런 밑바탕이 있었기에 아이들은 국어공부를 할 때 문제 푸는 방법만 익혀도 무난했다고 생각한다. 결과적으로 다른 과목들을 공부할 시간도 벌었으니, 책 읽기는 국어 과목뿐만 아니라 다른 과목들을 공부하는 데에도 엄청난 힘을 발휘했다고 해도 결코 과언이 아닌 듯싶다.

Tips

1. 책을 읽을 수 있는 시간을 충분히 확보해주자.
2. 중학교 3학년 이후에는 각 분야별로 깊이 있는 책들을 접하게 하자.
3. 고등학교 입학 전에 국어 실력을 점검하고 부족한 점을 채워주자.
4. 고등학교에 가기 전에 필독서들을 미리 읽도록 지도해주자.

머리가 '나빠서'가 아니라 방법을 '몰라서'

영어가 절대평가로 바뀌면서 영어공부를 소홀히 하는 경향이 생기고 있다. 90점대(1등급)만 받으면 된다며 방심하다가는 '아차!' 하는 순간에 80점대(2등급)로 떨어지기 일쑤다. 어떤 사람은 영어가 어려워서 1등급 학생의 숫자가 줄었다고 말한다. 하지만 전문가들의 생각은 다르다. 학생들이 영어공부를 이전보다 덜해 실력이 떨어져서 어렵다고 체감할 뿐이라고 한다.

영어는 수능시험에만 필요한 게 아니다. 대학에서, 대학원에서 공부할 때도 필요하다. 물론 취직할 때도 필수과목이다. 영어공부는 생활의 일부분이라고 해도 과언이 아니다. 가능하다면 중학교 3학년 때까지라도 TED미국의 비영리 재단이 제작하는 강연 동영상나 미국 드라마도 보고 영어 독해지문도 많이 읽어 두면 좋다.

고등학교 입학 전에는 지금까지 했던 영어공부를 시험에 대비하기 위해 정리해 두어야 한다. 일단 중학생 때 했던 문법을 심화학습으로 철저히 공부해 두면 좋다. 문제를 많이 풀면서 배웠던 문법을 적용해보는 것도 시험 대비 좋은 공부 방법이다. 또 '오답노트'도 만들어 문법 정리를 꼼꼼하게 해 두자. 고등학교 영어 내신시험에는 문법 문제가 까다롭게 출제되니까 말이다.

영어공부를 미리 해 두면 다른 과목에 투자할 시간이 그 만큼 많아져서 유리하다. 고등학교에서는 모든 과목의 공부 양이 중학생 때와는 비교도 안 될 만큼 많다. 특히 중학교 교과서 수준으로 영어를 배워 고등학교에 진학하면 따라가기가 어렵다. 고등학생 때의 영어 학습량은 중학생 때의 4~5배 이상 되다 보니 심한 경우에는 영어를 포기하는 경우도 생길 수 있다. 능력이 된다면 중학교 3학년 때부터 영어공부의 양을 3~4배 이상 늘려 놓는 것이 바람직하다. 다행히 중학교 3학년 정도면 사춘기를 심하게 겪었던 아이들도 안정이 될 때인지라 공부하기에 적기라고 할 수 있다.

가급적 영어 독해는 많이 해 두자. 다양한 테마를 다룬 읽기reading 문제집을 풀어 보면 많은 도움이 된다. 보통 환경·문화·예술·과학·사회·역사 등을 주제로 한 지문들이 많이 수록된 문제집을 골라서 공부하면 좋다. 이런 지문들을 다루면서 배경지식을 쌓도록 노력해야 한다. 또한 주제별로 정리된 단어들과 자신이 모르는 단어들을 샅샅이 찾아서 외워 둬야 한다. 평소에 책을 많이 읽지 않은 아이들도 영어 독해 공부를 하면서 부족한 부분을 메꿔 나갈 수 있다. 이런 준비를 해 두면 고등학교에서 영어 공부하기가 훨씬 수월해진다.

중학교 3학년 겨울방학 때 고등학교 모의고사 문제지들을 풀어 보는 등 수능 유형의 문제들을 많이 접할수록 유리하다. 고등학교 1학년 3월에 첫 모의고사가 있다. 모의고사 성적 때문에 엄마와 아이들이 충격을 받기도 한다. 미리 수능 유형의 문제집을 풀어 보면 적응력을 키울 수도 있고, 충격을 완화시킬 수도 있다.

영어에 자신이 있으면 고등학교 1학년 3월 모의고사는 크게 어렵지 않으니 고등학교 1학년 모의고사 문제지를 1~2 세트 풀고 가면 좋겠다. 하지만 고등학교 3학년 수능영어는 훨씬 더 어렵다는 것을 감안해서 공부해 두는 게 좋다. 영어에 자신 있다고 방심했다가 실제 수능에서 1~2점 차이로 각 대학에서 정하는 수능 최저 기준에 미달해서 가고 싶은 대학을 가지 못하는 경우도 발생할 수 있다. 끝까지 방심하지 말고 겸손하게 철저히 준비해 두자.

영어를 제대로 공부할 수 있는 방법도 터득해야 한다. 나는 아이들이 영어를 오래 배웠어도 어떻게 공부해야 하는지조차 모르는 경우를 많이 봤다. 늦게 영어를 시작한 데다 영어를 그다지 좋아하지 않는 아이가 있었다. 그 아이는 처음 본 모의고사에서 70점대로 3등급 정도를 받았다. 영어 전체 문항 중 9~10개 정도의 문제를 틀린 경우라고 보면 된다. 나는 그 아이에게 며칠에 걸쳐 오답을 '오답노트'에 철저히 정리하게 했다. 모르는 단어는 물론, 무엇이 잘못되었는지까지 꼼꼼히 체크하도록 했다. 또 지문을 먼저 분석하면서 읽은 뒤 거의 외울 수 있을 정도로 공부하게 했다. 이런 방식으로 모의고사 문제를 5번째 풀게 했을 때 그 아이가 말했다.

"선생님, 모의고사 문제를 이제 읽을 수 있을 것 같아요."

그 아이는 그때까지 알았던 단어로 모의고사 영어 문제를 대충 읽고 답을 찍었다고 한다. 이제는 지문을 읽을 수 있어 답이 보인다며 좋아했다. 사실 그 아이는 모의고사 문제지를 풀고 '오답노트'를 정리하면서 몹시도 힘들어했다. 하지만 실제 모의고사에서 오답이 1~2개로 줄어들면서 자신감을 찾게 되었다. 영어를 포기하지 않고 스스로 공부할 수 있는 힘도 얻을 수 있었다.

이 아이처럼 머리가 '나빠서'가 아니라 방법을 '몰라서' 공부를 잘하지 못하는 경우가 더 많다고 생각한다. 나는 누구든 공부하는 방법을 제대로 알면 공부를 잘할 수 있다고 믿는다. 물론 아이들이 하겠다는 의지가 중요하다는 것은 말할 나위도 없다.

다시 강조하건대 영어는 선택이 아니라 필수다. 그래서인지 몰라도 부모들도 아이들에게 영어를 가르치기 위해 어렸을 때부터 꾸준히 학원에 보내고 있다. 그럼에도 아이들의 영어 실력은 기대 만큼 향상되지 않는다. 또 같은 학원을 똑같이 다녔어도 아이들마다 실력이 천차만별인 경우도 흔히 본다. 실제로 그렇게 많은 시간 동안 영어를 배웠는데도 무엇을 배웠는지 모르겠다는 경우가 태반이다. 왜 그럴까? 이는 그 아이들만의 특성을 살리는 공부법을 고려하지 않고 똑같은 방식으로 가르쳤기 때문이라고 생각한다 굳이 덧붙이자면 너무 어려운 것을 빨리 가르치는 것도 문제라고 할 수 있다.

영어공부를 열심히 해도 실력이 오르지 않아 영어를 포기하려는 아이들에게는 부모의 관심이 어느 때보다 필요하다. 자신에게 맞는 학습법으로 공부해서 실력이 향상되는 것을 느끼게 된다면 아이들은 영어공부를 재미있어하고, 누가 시키지 않아도 즐길 수 있게 될 것이다.

Tips

1. 영어 문법을 설명할 수 있을 정도로 공부하고 문제를 풀면서 적용하자.
2. 영어 독해는 다양한 주제를 다루는 문제집으로 공부하자.
3. 자기만의 영어 학습법을 가급적 빨리 찾자.
4. 특히 국영수 공부는 방심하지 말고 조금씩이라도 꾸준히 공부하자.

먼저 기초 개념을 확실하게 이해하고 문제 풀이로

문과·이과를 불문하고 대부분의 아이들은 수학공부에 많은 시간을 쏟는다. 특히 이과로 갈 아이들은 수학에 거의 모든 시간을 쓰기도 한다. 우리 아이들도 중학교 3학년 말쯤부터는 수학에 시간을 다 쏟았다 해도 과언이 아니다.

큰아이는 어렵지만 개념을 알고 풀다보면 답이 나왔고, 그때마다 즐거움이 있었다고 했다.

"수학을 잘 못해도 앉아서 풀고 있으면 재미있었어요."

배우는 과정에서 극복해야 하는 어려움은 누구에게나 있다. 수학공부의 과정도 마찬가지다. 하지만 수학에 대한 개념이 잘 정리되어 있고 아이들의 의지만 있으면 그런 어려움은 아무것도 아니다. 여기에 인내심을 갖고 풀 수 있는 '엉덩이 힘'이 있다면 금상첨화다.

사실 국어 성적이 잘 나오지 않는다고 하면 국어 선생님들은 "국어를 소홀히 해서 그렇다"며 오히려 아이들이 수학학원에는 일주일에 3번 이상 간다고 불만을 토로했다. 그러고 보니 아이들은 초등학교 6년, 중학교 3년, 그리고 고등학교 3년 내내 수학 때문에 몸살을 앓았다. 그럼에도 수학이 안 되는 건 왜일까?

'수학사교육포럼'의 최수일 대표가 이런 궁금증을 해소해 주었다.

"개념만 정확히 알고 있으면 '수학이 어렵다'는 말이 나올 수가 없다. 수학은 개념이 연결되어 있기 때문에 그 부분만 정확히 하면 공부의 부담도 줄어든다."

우리 아이들은 개념을 탄탄히 하고 있다고 생각했는데 수학성적이 안 나오는 이유는 무엇 때문일까, 하는 의문이 들었다. 큰아이가 고등학교 1학년일 때 수학학원 선생님에게 이런 궁금증을 물었던 적이 있다.

"큰아이가 수학공부만 하는데 왜 성적이 만족스럽지 않을까요?"

그 수학 선생님은 심드렁하게 대꾸했다.

"큰아이가 수학공부만 하는 건 아니잖습니까."

수학 성적이 좀 나오나 싶을 때마다 큰아이가 수학공부를 소홀히 했다는 얘기다. 심지어 큰아이의 수학공부 양 자체가 다른 아이들에 비해서 턱없이 부족하다고까지 말했다. 각종 대회에 참가하거나 인증을 따러 다니느라 학원에 잘 나가지 않았던 것도 사실이다.

하긴 큰아이는 학교 공부를 소화하면서 수시로 TOEFL, 토론 대회, TESAT, 경제경시, 창업 대회 등에도 참가했다. 관심 있는 다양한 분야에 기웃거리느라고 수학공부를 꾸준히 하지 못했던 것이다. 한마디로 큰아이는 '엉덩이 힘'이 부족하다는 진단이 나왔다.

다른 과목도 마찬가지겠지만 특히 수학공부는 마치 건강관리하는 것처럼 매일 꾸준히 하는 게 중요하다. 아무리 '100세 시대'라지만 100세까지 살려면 건강 관리를 꾸준히 잘해야 한다. 건강 관리에 운동은 필수적이다. 그런데 자기 몸에 맞지 않은 운동을 너무 심하게 하면 오히려 병을 얻기도 한다. 수학을 잘하고 싶으면 이와 같은 이치로 하루 세 끼 적당한 식사와 운동을 하듯 자기 수준에 맞춰 꾸준히 공부하면 된다. 그런데 큰아이처럼 각종 행사에 참가한다며 수학공부를 조금만 소홀히 하면 곧바로 티가 나게 마련이다.

KAIST 산하기관인 고등과학원의 황준묵 교수는 '수학자의 길'이라는 강연에서 수학과 스포츠를 다음과 같이 비교했다.

"체육은 신체 능력을 키우기 위한 과목이고, 수학은 논리적 사고력을 키우는데 필수적인 과목입니다. 신체 능력에 맞지 않는 과도한 운동을 하면 몸이 망가집니다. 마찬가지로 자기 수준보다 너무 어려운 수학을 주입식으로 배우면 부작용이 날 수 있습니다. 운동선수가 되려면 기초 체력을 길러야 하듯이, 좋은 수학자가 되려면 인수분해·수열과 같은 기초적인 것들을 할 수 있어야 합니다."

아울러 그는 우리나라 수학 교육의 현실을 비판하면서 수학 기초의 중요성을 강조했다.

"학교나 학원에서 학생들의 수학 실력보다는 수학 점수를 올리는 교육을 하고 있습니다. 이런 공부는 매우 위험합니다. 기초부터 단단히 다져야 합니다."

전문가들의 견해에 따르면 수학공부는 42.195킬로미터를 달리는 장거리 마라톤과 같다고 한다. 따라서 수학 점수를 올리기 위해서는 단기적 공부에 급급하기보다 기초 개념 익히기부터 충실하게 다지는 것이 올바른 방향일 성싶다. 기초가 쌓여 단단한 디딤돌이 갖춰지면 수학 실력도 쑥쑥 올라가는 것이 당연지사 아니겠는가!

Tips

1. 수학공부는 기초 개념 익히기부터 차근차근 시작하도록 이끌어주자.
2. 매일 일정한 시간을 꾸준히 수학공부 하도록 이끌어주자.
3. 수학공부를 할 수 있는 '엉덩이 힘'을 키울 수 있도록 독려하자.
4. 수학공부는 자신에 맞는 수준으로 시작해서 종국에는 뛰어넘는 문제들까지 도전하게 해보자.

수시와 정시를 균형 있게 준비해 빛을 보다

대학 입시는 수시와 정시로 나뉜다. 정시는 수능 성적으로만 대학에 진학할 수 있는 전형 방법인데, 비중이 수시 전형에 비해 낮다. 이 비중은 입시 정책에 따라 달라질 수 있다. 대학마다 정시와 수시의 비중도 조금씩 다르다.

수시는 주로 '서류 평가에 의해' 대학에 진학할 수 있는 전형 방법이다. 하지만 수능은 원칙적으로 매년 11월 셋째 주 목요일에 실시된다.

수시는 크게 특기자전형, 학생부종합전형, 논술전형 등이 있다.

특기자전형은 〈학교생활기록부학생부, 생기부〉와 자기소개서자소서, 각 학교가 요구하는 활동서류로 1차 평가한다. 이것을 '서류전형'이라고 한다. 2차 평가로는 면접이 있다. 학교 성적과 고등학생 시절의 활동 등이 기록된 〈학교생활기록부〉를 근거로 한 학생부종합 전형은 서류전형으로 1차 평가를 한 뒤 면접으로 2차 평가를 한다. 이후에 수능 최저 학력 기준을 맞춰야 최종 합격되는데, 수능 최저 학력 기준은 대학마다 다르다. 수능 최저 학력 기준은 대학에서 정한 '수능 성적의 최저 기준'이다. 논술전형은 논술시험을 본 뒤 수능 최저 학력 기준을 적용하는 식이다.

"수시로 많이 뽑으니까 수시로 지원하는 게 유리하다"는 사람들이 있지만, 수시로 대학 가는 건 생각보다 간단치 않다. 일단 일반적으로 학생들이 많이 지원하는 전형이 학생부종합전형과 논술전형이다. 이 두 전형에 지원하려면 몇몇 대학을 제외하고 해당 대학에서 정한 수능 최저 학력 기준을 맞춰야 해서 어차피 수능 준비를 해야 한다. 이런 경우에는 수시와 수능이 분리되었다고 보기 어렵다.

수시 평가에는 학교의 내신 성적이 많은 비중을 차지하고 있다. 최고의 '스펙'이 내신이라고 말할 정도다. 그런 만큼 좋은 내신 성적을 내기 위해 3년간 치열하게 살아야 한다. 따라서 '내신 스트레스'도 만만치 않다.

학생부종합전형을 준비한다면 각종 학교 행사와 활동, 경시·경진대회 등에도 적극 참여해야 한다. 여기서 좋은 결과를 내야 〈학교생활기록부〉에 '학교생활을 열심히 했다'는 기록을 남길 수 있다. 또 면접도 잘 봐야 하는데, 물론 면접은 하루아침에 준비하기가 어려울 수 있다. 신문기사나 책을 읽으면서 평소에 미리 준비하면 면접 부담을 줄일 수 있다. 장기간에 걸쳐 '내공'을 쌓아야 좋은 결과를 낼 수 있다.

정시든 수시든 주어진 기회를 최대한 이용하면 좋은 결과를 얻을 수 있다. 어떤 전형이 아이에게 맞는지도 따져 봐야 한다. 정시냐 수시냐를 너무 일찍 결정하는 것은 좋지 않다. "난 수시로 대학에 갈 거야"라고 하면서 수능 준비를 소홀히 하는 아이들이 있는데 명문대 중에는 학생부종합전형에 따라 수능 최저 학력 기준을 맞춰야 하는 대학들이 있다. 이런 대학에 지원해서 1차 서류전형에 합격했어도 수능을 소홀히 해 수능 최저 학력 기준을 못 맞춰 불합격된 아이들을 종종 보게 된다.

이런 실수를 하지 않도록 정시와 수시를 고등학교 3학년 때까지 균형 있게 준비해야 한다. 수시로 대학 가겠다고 했다가도 어쩔 수 없이 정시로 가야 하는 경우도 생길 수 있다. 따라서 수시를 준비하더라도 정시 또한 '기회가 한 번 더 주어진 것'으로 생각하고 준비할 것을 권한다.

큰아이는 자만했다가 고등학교 1학년 1학기 성적을 잘 받지 못했다. 수시를 접고 정시를 준비해야 하나 고민하다가 고심 끝에 설명회에 가서 지푸라기라도 잡는 심정으로 상담을 받았다. 그런데 상담 선생님이 "한 학기 성적을 잘 받지 못했다고 수시를 버려선 안 됩니다!"라고 말해 줬다. '수시와 정시를 끝까지 같이 가져 가라'는 뜻으로 이해했더니 막연한 희망이 생겼다.

또 큰아이처럼 고등학교 1학년 때 성적이 좋지 않았지만 포기하지 않고 열심히 해서 성적을 끌어 올리는 아이가 나중에 더 좋은 평가를 받는다는 사실도 알게 되었다. 또한 고등학교 1학년·2학년·3학년별 평가 반영 비율도 달랐다. 당연히 학년이 올라갈수록 평가 반영 비율이 높았다.

이런 제도를 십분 활용하여 큰아이는 나머지 학기 동안에 내신 성적을 올리려고 안간힘을 썼다. 그러면서도 짬짬이 교과 외 활동에도 적극적으로 참가했다. 이러한 교과 외 활동은 학생부종합전형 같은 수시 준비뿐만 아니라 내신 대비를 위한 활력소가 되었다. 그 결과 큰아이는 수시로 대학에 합격할 수 있었다.

작은아이는 외국어를 좋아해서 외국어고등학교에 진학했지만, 치열한 내신 싸움 때문에 힘들어했다. 하지만 교과 외 활동에서는 적극적으로 참가하며 즐겁게 활동해 좋은 성적을 낼 수 있었다. 그 덕에 〈학교생활기록부〉의 기록이 좋아 수시로 지원하는데 큰 도움이 되었다.

그러나 작은아이의 경우에는 원하는 대학의 전공학과에 지원할 때 내신 성적이 만족스럽지 못했다. 작은아이는 국어·수학·영어의 내신 성적이 비교적 좋은 편이었지만, 전체 내신 성적을 보면 원하는 대학의 전공학과를 가기에는 어려워 보였다. 하는 수 없이 작은아이는 고등학교 2학년 겨울방학 무렵부터 수능 준비를 본격적으로 시작했다. 어차피 학생부종합전형에 지원하려면 수능 최저 학력 기준을 맞춰야 했기 때문이다.

외국어고등학교의 아이들은 특기자전형이나 학생부종합전형으로 지원하기에 수능을 소홀히 하는 편이었다. 수능을 준비하는 작은아이를 보며 친구들이 의아해하면서 물었다고 한다.

"왜 네가 수능 준비를 해?"

작은아이가 이런 이야기를 해 주었을 때 나는 얼른 "수능공부 하기 싫으면 안 해도 돼"라고 말해 주었다. 그런데 작은아이는 수능 공부가 재미있다고 했다. 물론 수시 준비로 학교가 술렁일 때도 수능공부를 해야 했던 작은아이는 자신과 힘들게 싸워야 했을 것이다. 다행히 3학년 3월 첫 모의고사에서 좋은 성적이 나오자 작은아이는 자신감을 갖게 되었고, 수능 준비에 더욱 매진할 수 있었다.

한편, 수시로 지원한 모든 대학에서 작은아이는 1차 평가에 비교적 무난히 합격했고, 2차 평가인 면접을 준비하고 있었다. 그런데 작은아이는 2차 면접하기 이틀 전에 특기자전형 시험을 보러 가지 않겠다고 혼자서 결정해 버렸다. 수시로 대학 가는 걸 포기하겠다는 '폭탄선언'이었다.

현행 대학 입시 제도에서는 수시로 2차 면접까지 합격하면 정시로 대학을 갈 수 없다. 다시 말해 수시 2차 면접에 최종 합격하면 아무리 수능을 잘 봤더라도 정시로 대학 입학을 할 수 없다. 작은아이는 수능에 승부를 걸겠다는, 조금은 '무모한' 도전을 하겠다는 것이었다. 말리고 싶었지만 작은아이의 고집을 꺾을 수 없어 지켜 보기로 했다. 다행히 작은아이는 누구도 예상치 못한 높은 수능 점수로 자신이 원하는 대학에 합격할 수 있었다.

두 아이가 대학 입시를 마친 후에야 비로소 깨달을 수 있었다. 우리 아이들이 어렸을 때부터 체험한 다양한 활동들이 수시 준비에 많은 도움이 되었다는 것이다. 또 평소에 책 읽기나 영어공부를 하는 데 많은 시간을 투자했던 것이 좋은 결과를 얻는데 일조했다는 사실도 알게 되었다.

우리 아이들은 자연스럽게 그러한 활동들에 따른 보상과 인정을 받은 셈이 되었다. 특히 종합적 사고력을 요구하는 수능에서 좋은 평가를 받았다는 사실은 아이들이 그동안 쏟았던 많은 시간이 헛되지 않았다는 것을 입증하기에 충분하다고 생각한다.

Tips

1. 학교 내 행사에 적극적으로 참여하도록 이끌어주자.
2. 내신과 수능 중 어느 한쪽에 치우치지 않도록 균형 있게 이끌어주자.
3. 대학 입시에서 수시와 정시가 한 세트임을 잊지 말자.
4. 대학 입시는 장거리를 뛰는 마라톤이다. 3년간 일희일비하지 말자.

제 4 부

스스로 자기 가능성을 찾은 아이들

공부하는 이유를 납득한 아이는 공부를 즐긴다

공부工夫의 사전적 의미는 '학문이나 기술을 배워 익힌다'는 것이다. 학문이나 기술을 익혀 올바르고 지혜롭게 살자는 뜻을 담고 있다. 하지만 요즘은 학생들에게 공부는 대학에 가기 위한 것처럼 여겨진다.

큰아이가 고등학교에 입학한 뒤 3년간 학교 생활을 지켜 볼 수 있었다. 고등학교는 대학을 가기 위한 징검다리였고, 그 학습 과정은 대학 입시를 위한 과정처럼 보였다. 이런 과정은 '386세대'인 우리 때와 크게 다르지 않았지만, 우리 때처럼 무조건 앉아서 공부만 하는 것도 아니었다.

'수시'라는 제도로 인해 학교에서 내놓은 다양한 프로그램들이 있었다. 책 읽고 토론하는 교실이나 인문학 강의를 듣고 주제를 잡아 논문을 쓰는 교실 등 다양했다. 또 봉사 활동을 통해 함께 배려하고 소통하는 법을 배우기도 했다. 그 과정에서 아이들은 지적 양분을 차곡차곡 축적하면서 공부할 수 있는 에너지를 만들어 내는 것 같았다.

2018년 말부터 2019년 초까지 방영한 드라마 〈SKY 캐슬〉은 대학 입시 문제를 다루면서 큰 반향을 일으켰다. 이 드라마의 등장인물들은 유명 대학 입학에 집착했고, 그럼으로써 변질된 교육 현실을 적나라하게 보여 주었다. 공부의 목적이 단지 '좋은 대학'에 들어가는 것이다 보니 행복해 보이지도 않았다. 내 주변에서도 이 드라마의 내용과 비슷한 경우를 어렵지 않게 찾아볼 수 있었다. 물론 드라마에서처럼 결과는 해피엔딩으로 끝나지 않은 경우가 대부분이었다.

나는 우리 아이들에게 좋은 대학을 가라고 한 적이 없었다. 훌륭한 사람이 되라고 한 적도 없었다. 무엇이 되었으면 좋겠다고 말한 적은 더더욱 없었다. 다만 "세상에 필요한 사람이 되라" 혹은 "도움이 되는 사람이 되라"는 말은 자주 하곤 했다.

남편은 숫제 아이들의 교육에 관심이 없는 듯했다. 나한테도 아이들에게 '좋은 대학'에 가라고 강요하지 말라고 신신당부했다. "좋은 대학 나왔다고 잘사는 건 아니더라고!" 하면서 몇 번이고 입단속을 시켰다. 이런 남편과 나의 태도에 큰아이는 살짝 섭섭했던 것 같다. 큰아이는 고등학교 3학년 막바지에 이르러 그러한 서운함을 드러냈다. 엄마·아빠가 자기한테 제일 관심이 없다며 투덜거렸다. 엄마·아빠는 아무 대학이라도 가기만 하면 된다고 했다면서 말이다.

"다른 사람들은 나한테 꼭 서울대 가라던데…."

나는 이런 큰아이에게 웃으면서 말했다.

"엄마·아빠가 너한테 '서울대, 서울대' 했으면 부담스러워서 너 어떻게 됐을지도 몰라."

큰아이는 "그건 그렇네요" 하며 웃어 넘겼다. 남편은 실제로 '성균관대학교 글로벌 경영학과'에 가면 만족한다고 늘 말하곤 했다. 그 정도의 말은 큰아이나 나에게 부담을 주지 않았다. 실제로 어떤 집 아빠는 "명문대 아니면 학교를 보낼 생각하지 말라"고 해서 스트레스를 받는 엄마들을 주변에서 종종 볼 수 있었다.

어느 날 남편은 "세상이 너무 빨리 변하고 있다"면서, 우리 아이들에게 "무엇이 되라고 말하지 마라"고 했다. "아이들이 자기가 좋아하는 것을 하면서 즐겁게 일하고 살았으면 좋겠다"고 했다. 남편이 아이들 교육에 관심이 아예 없는 게 아니었다. 아이들이 스스로 자기 길을 찾아가기를 바라고 있었던 것이다. 아빠의 '무관심' 덕에 아이들은 적어도 대학을 목표로 공부해야 하는 부담은 없었다.

그런데 작은아이가 고등학교에 입학한 후부터 달라졌다. 대학 이야기만 나오면 예민해지고, 대학 이야기를 피하려고 했다. 작은아이는 큰 욕심 없이 행복하게 사는 것이 더 중요하다고 생각하는 아이였다. 사람을 먼저 생각하고 어려운 사람을 도와주고 싶어 하는 예쁜 마음을 가진 아이였다. 그래서 무엇을 해도 작은아이는 잘살 수 있으리라는 믿음이 있었다.

작은아이가 대학 이야기만 나오면 너무 예민해져서 당황스러워 한 적이 한두번이 아니었다. 막 대학에 입학한 큰아이 때문에 작은아이가 심한 스트레스를 받는구나 싶었다. 말하자면 큰아이가 사람들이 말하는 '좋은 대학'에 입학했기 때문이라고 생각했다. 그 외에는 특별히 설명할 만한 이유를 찾지 못했다. 작은아이가 받던 스트레스를 어떻게든 덜어 주려고 노력했지만 그리 쉽지 않았다.

작은아이는 소심할 정도로 꼼꼼했다. 아주 뛰어난 능력을 갖고 있지는 않았지만 꾸준함이 있었다. 공부하는 것도 즐겼다. 프로게이머가 되고 싶다고 했을 때조차도 공부하는 게 재미있다고 했다. 작은아이는 이해하는 방식의 공부를 좋아했고, 배움에도 열정을 가졌다.

그런데 막상 학교 성적이 욕심만큼 나오지 않자 작은아이는 스트레스를 많이 받았던 것 같다. 무조건 외워야 이기는 '내신 싸움'이 너무 힘들다고 했다. 중요하지 않은 것까지 하라고 강요하는 공부가 재미없다면서 공부를 소홀히 하기 시작했다.

시험을 볼 때마다 기대치에 못 미치는 성적 때문에 실망하는 작은아이가 안쓰러웠지만, 엄마로서 해 줄 수 있는 게 아무것도 없었다.

"괜찮아. 최선을 다하고 성적에 맞춰서 대학 가면 돼. 이 길이 아니면 저 길로 가면 되지."

이 정도의 말로 위로해주는 게 전부였다. 작은아이가 말하는 걸 그냥 들어줄 수밖에 없었다. 아무 대학이나 가도 된다고 말하면서 공부하라는 소리는 일체 하지 않았다. 또 학원에 가지 않겠다고 하면 보내지 않았고, 하겠다고 하는 것만 시켰다. 고등학생 부모로서 마냥 투정만 하는 작은아이를 받아 주기란 쉬운 일이 아니었다. 그런 작은아이에게 공부를 하는 것이 꼭 대학을 가기 위한 것은 아니라고 말해주고 싶었고, 말할 기회만 노리고 있었다.

그런데 어느 날 작은아이가 먼저 '폭탄선언'을 해 버렸다.

"아무 대학이나 가고 싶지는 않아요."

그때 작은아이에게 진지하게 말해 주었다.

"네 인생 목표는 대학이 아니야. 대학을 갈지 안 갈지는 네가 결정하는 거야. 대학에 꼭 가야 하는 건 아니야. 네가 살아가면서 공부를 더하고 싶거나, 더 좋은 환경에서 의미 있는 일을 하기 위해 더 공부해야겠다면 대학에 가는 거야. 어떤 대학에 가느냐는 중요하지 않아. 엄마는 네가 어느 대학에 가도 괜찮아. 최선을 다해 보고, 나오는 성적에 맞춰서 대학에 가면 되는 거야. 선택할 수 있는 길은 많아."

그 당시에는 작은아이가 대학에 가기 싫다고 했다면 보내지 않을 작정이었다. 진심이었다. 작은아이가 쉽게 수긍할 것이라고 기대하지도 않았다. 다행히 작은아이는 마음의 부담을 덜었는지 달라져 갔다. 대학에 꼭 가지 않아도 된다는 말에 작은아이의 마음이 훨씬 가벼워진 듯했다. 작은아이는 그동안 사람들이 '대학 , 대학' 하는 통에 거부감을 느껴 귀를 막고 살았다고 털어 놓았다.

그동안 나 또한 초조하고 답답했지만 작은아이가 공부하겠다고 말할 때까지 기다리려고 마음먹었던 터다. 얼마나 흘렀을까. 작은아이가 이제는 공부를 해 보겠다며 도움을 요청해 왔다. 그제야 작은아이는 무엇부터 시작해야 할지 모르겠다고 했다.

"입시 제도를 모르겠어요. 제가 뭘 해야 할지 알려 주세요."

고등학교 2학년 겨울방학 때 작은아이에게 수능공부를 해 보라고 권했다. 나는 3가지 이유를 들어 설명해 주었다.

"첫째는 네 성격상 고3 모의고사 성적이 좋지 않으면 스트레스를 심하게 받을 걸 염려해서야. 둘째는 네가 공부하는 스타일을 보면 수능에서 좋은 결과가 나올 수도 있다고 판단해서지. 셋째는 '학생부종합전형'으로 대학을 지원하지만, 수능 최저 학력 기준을 통과해야 하는 학교도 있어. 그러니 넌 어차피 수능을 준비해야 해."

작은아이는 이 3가지 이유에 동의하면서 수능공부가 재미있다고 했다. 재미있게 공부를 해서인지 첫 모의고사에서 좋은 점수를 받았고, 비로소 작은아이는 자신감을 얻을 수 있었다.

대학은 새로운 시작이다. 물론 나도 남편도 좋은 대학을 나와야 우리 아이들이 잘된다고 생각하지 않았다. 더욱이 인생이 하루아침에 달라질 정도의 행운을 잡는 것도 아니라고 생각했다. 단지 졸업 후 기회를 잡을 때 선택의 폭이 좀 더 넓어진다는 정도로 이해하고 있었다. 그저 아이들 스스로 자기 길을 찾아내고, 그 분야의 일을 즐기면서 열심히 사는 것이 더 중요하다고 생각했던 것이다.

실제로 소위 '명문대'가 아닌 대학의 중국어과에 합격해 경영학과를 복수전공했던 친구의 딸아이는 졸업과 동시에 3군데나 좋은 직장에 합격했다. 4년 내내 공부도 열심히 하고 방학마다 인턴을 뛰며 성실하게 지낸 아이였다. 그 딸아이는 신한은행 글로벌, 미래에셋 글로벌, 중국은행에 동시에 당당히 합격했다. 지금은 '명문대' 졸업생들과 어깨를 겨누며 회사에 다니고 있다. 회사 경험을 쌓은 후에는 미국에 유학 갈 계획도 세우고 있다.

일본 메이지 대학교 교수 사이토 다카시의 책《내가 공부하는 이유》에 이런 글이 있다.

"나만의 개성, 즉 누구하고도 대체될 수 없는 강점을 가졌다. 이것은 이 세상을 살아가는 데 강력한 무기를 하나 얻는 것과 같다. (중략) 평생 공부를 하다 보면 오랜 시간 공부가 내 안에 쌓인다. 누군가 쉽게 흉내낼 수 없는 나만의 지식 세계, 나만의 아우라가 생긴다. 그게 바로 긴 인생을 살아야 하는 우리가 반드시 갖추어야 할 요소가 아닐까."

공자도 공부를 해야 하는 이유에 대해 설파한 바 있다.

"단지 나 혼자만 사람답게 사는 것이 공부의 끝은 아니다. 모든 사람이 사람답게 사는 세상이 오도록 노력하는 것이 공부의 몫이다. (중략) 먼저 새로운 것을 배워 자기를 발전시키자. 자기를 이롭게 한 뒤 다른 사람을 도울 수 있다면 공부하는 것이 즐겁지 아니한가."

공부는 대학 가는 것으로 끝나는 게 아니다. 공부는 평생 하는 것이다. 대학은 말 그대로 '학문의 전당'이다. 어느 대학을 나왔는지는 중요하지 않다. 지금 어떤 모습으로 어떻게 살고 있는지가 중요하다. 따라서 나만의 아우라를 가질 수 있도록 스스로 노력해야 한다. 어느 자리에든 필요한 사람이 되는 것으로 족하다. 이런 사람들이 성공한 사람들이고, 행복한 사람들이 아닐까?

Tips

1. 아이가 공부를 왜 하는지를 정확히 깨닫게 하자.
2. 부모가 먼저 대학 입시 부담에서 해방되자.
3. 아이가 원하는 길이 무엇인지 고민하고 찾아주자.
4. 최선의 노력을 다하고, 결과를 기꺼이 받아들이자.

착한 아이를 괴물로 돌변시키는 부모의 강압적 교육

강제로 시킨 교육은 탈이 난다. 학년이 올라가도 성적이 나오지 않거나, 부모나 선생님이 시키는 교육을 아이들이 마지못해 받아들이긴 해도 제대로 효과를 내지 못할 때 부작용이 나타난다. 심할 때에는 아이들이 부모의 말을 거역하거나 일탈하기도 한다. 간혹 공부하기를 재미있어서 하는 경우도 있지만, 대부분 조금만 어려워지면 흥미를 잃고 만다. 어떤 식으로든 부작용이 일어나기 마련이다.

이런 데도 모든 과목 백점을 의미하는 '올백'을 아이들에게 강요하는 엄마들도 있다. 이럴 수록 아이들은 성적에 대한 부담감으로 '이상해지기'도 하고, 또 엄마들이 무심코 내뱉는 말에 상처 받기도 한다. 특히 대부분 '착한' 아이들은 엄마들이 시킨 대로 하다가 참아왔던 것을 갑자기 '폭발'시키는 경우가 많다. 엄마들의 현명한 대처가 필요한 이유이기도 하다.

아이들은 자기가 '좋아하는 것'을 할 때 잘한다. 좋아하는 걸 하다가 생긴 문제는 필사적으로 극복하려고 한다. 원하는 걸 하는 아이들은 힘들어도 참고 견뎌낼 수 있다. 따라서 아이들 각자가 다른 재주와 다른 취향을 가지고 있다는 사실을 인정하는게 바람직해 보인다. 사소한 것 같아도 이런 게 무시되면 아이들은 배움에 따르는 만족감을 느끼기 어렵고 행복지수도 훨씬 떨어지게 될 것이다.

강압적 교육이 단기적으로는 효과가 있는 것처럼 보이지만, 나중에는 통제 불가능한 '후폭풍'을 몰고 올 수 있다. 프랑스의 정신생리학자 위베르 몬테너는 이런 '위험성'을 통제하기 위한 엄마의 역할을 강조한 바 있다.

"아이를 박식한 원숭이로 만들려고 해서는 안 된다. 아이가 자신의 능력을 스스로 발견하게 해야 한다. 엄마가 이를 도와주는 것이 중요하다."

작은아이는 29주 만에 미숙아로 태어났다. 그래서인지 작은아이가 하는 일에 늘 마음이 쓰였다. 괜히 불안한 마음에 작은아이가 공부하는 데도 자주 개입해 왔던 것도 사실이다. 작은아이는 이해하고 소화시키는 데 시간이 걸리기는 했어도, 한번 배운 건 기억해내곤 했다. 가르치면 결과가 좋았고, 조금만 도와주면 잘해냈다. 자연스레 작은아이에게 어렸을 때부터 예습과 복습을 같이 시키게 되었고, 안 되면 될 때까지 시키면서 구박도 많이 했다. 작은아이는 '착한 아이'라는 말을 들을 정도로 시키는 대로 다 해냈다. 그래서 나는 솔직히 오랫동안 작은아이가 힘들어하는 줄도 몰랐다. 이제와서 돌이켜 보면 작은아이가 내가 시키는 대로 하느라고 얼마나 힘들어했을까 생각하니 마음이 아팠다.

작은아이는 공부를 싫어하지는 않았다. 그런데 중학생이 된 뒤부터 작은아이는 엄마를 밀어내기 시작했다. 나는 계속 작은아이의 주변을 맴돌다가 상처를 받았다. 작은아이는 착해서 엄마 말을 잘 들을 것이라고 착각했던 탓이다. 아니, 어쩌면 눈치 없는 엄마가 '착한 아이'를 변하게 만들었는지도 모른다.

작은아이가 중학교 2학년 때에는 더 이상 '착한 아이'로 살지 않겠다고 '선포'까지 했다. 그때 나는 작은아이를 잃어버린 줄 알고 너무 당황했다. 그런데 시간이 지나고 보니 그것 또한 작은아이가 자기의 삶을 찾아가는 과정이었다. 자신을 사랑하면서 다른 사람도 사랑할 줄 아는 아이로 자라고 있었던 것이다.

작은아이는 하고 싶은 말과 하고 싶은 것을 대놓고 다 했다. 그중 하나가 PC방을 드러내 놓고 다니기 시작했다. 어느 늦은 밤, 작은아이는 내게 할 이야기가 있다고 진지하게 말했다. 프로게이머가 되고 싶다는 것이었다. 작은아이의 표정이 너무 단호해서 그 순간 피하고 싶어졌다.

"엄마가 지금 피곤하니 내일 이야기하자. 엄마가 긍정적으로 생각해 볼 게."

일단 그렇게 둘러댐으로써 그 자리를 피했다. 나는 밤새 고민한 후 작은아이를 불러 놓고 허락했다.

"프로게이머를 해도 돼. 하지만 고등학교를 졸업하고 나서 해. 살아가는 데 고등학교에서 배운 지식은 필요하니까. 고등학교를 졸업하면 엄마가 도와줄 게."

그러고도 마음이 놓이지 않아 타협점을 제시했다.

"공부가 싫으면 따로 안 해도 돼. 고등학교 수업만 듣고 졸업하자. PC방에서 아르바이트하면서 게임을 해도 돼."

그때는 어떻게 해서든지 고등학교를 졸업시켜야 한다는 생각만 했다. 또 조금 돌아가더라도 자기 인생을 살겠지 하는 막연한 믿음도 있었다. 그런데 작은아이로부터 의외의 대답이 돌아왔다.

"공부하는 게 싫지는 않아요."

어쨌든 다행이었다. 마음은 복잡했지만 작은아이가 용기를 내어 자기를 표현했다는 점에서 환영할 만한 일이었다. 이후 작은아이는 프로게이머가 되겠다는 이야기를 꺼내지 않았다. 엄마의 긍정적 대답으로 속이 풀려서 그런 게 아닌가 싶었다.

이런 일이 있은 후 1년쯤 지날 무렵에 작은아이가 내게 말했다.

"엄마, 제가 잘하는 것은 영어인데, 특기를 살려 외국어고등학교에 가고 싶어요."

너무 좋아서 '열심히 도와줘야지' 하고 속으로 다짐했다. 그런데 작은아이가 이런 나의 마음을 알아차렸는지 한마디 툭 던졌다.

"혼자서 준비할 게요."

썩 내키진 않았지만 어쩔 수 없었다.

"그렇게 하면 더 보람 있고 좋지. 엄마 도움이 필요하면 말해."

작은아이가 하는 걸 지켜보면서 도와 달라고 할 때까지 기다리기로 했다. 마침내 작은아이가 외국어고등학교에 합격했을 때 우리는 뛸 듯이 기뻤다. 이제 괜찮아지나 싶었다. 그런데 진짜 사춘기는 고등학생 때부터 시작됐다.

"엄마가 공부시켜서 행복하지 않았어요."

고등학교에 들어간 지 얼마 뒤 작은아이는 충격적인 말을 내게 뱉어냈다.

"엄마가 영어책을 외우게 해서 외우는 것에 대한 노이로제에 걸렸어요."

유치원 시절부터 한 페이지에 두 줄 정도 있는 영어동화책을 일주일에 한 권씩 외우게 했다. 말이 외우는 거지, 많이 듣고 따라 읽을 수 있도록 강요했던 것이다. 당시 작은아이는 신경써서 몇 번 읽고 나면 곧 암기하곤 했다. 작은아이는 신기할 정도로 잘 따라했고, 영어책을 몇 십 권 외우면서 영어 실력이 쑥쑥 올라갔다.

훗날 유명 영어학원에서 테스트를 받았을 때 학원 원장님이 놀랐을 정도다. 그때는 어깨가 으쓱하고 자랑스러워 했는데 작은아이는 그런 게 엄청 싫고 괴로웠다며 행복하지 않았다고 한다. 나는 사랑한다면서 작은아이를 고문한 셈이 되었다. 작은아이는 고등학생 시절 3년간 내내 '억지소리'를 쏟아냈다.

"엄마가 공부시켜서 행복하지 않았어요. 엄마 때문에 외우는 것을 못하겠어요."

시간을 과거로 되돌리고 싶었다. 이처럼 어른들의 '착각'에서 나온 사랑 때문에 아이들이 행복하기보다 괴로울 수 있다는 사실을 알게 되었다.

나는 작은아이가 중학교 2학년 때 헤르만 헤세의 소설 《데미안》을 읽는 걸 보며 기뻐한 적이 있었다. 《데미안》은 나에게도 중요한 책이었다. 내가 대학 1학년 때 '나'라는 존재에 대해 고민하면서 읽게 되었고, 당시 내 고민을 끝낼 수 있게 해 준 중요한 메시지도 담고 있었기 때문이다.

이후 작은아이가 중학교 3학년 때에 《데미안》을 다시 읽고 있었다. 작은아이가 다니던 독서클럽에서 선생님과 함께 정독을 한다고 했다. 작은아이가 드디어 《데미안》을 제대로 읽고 깊은 의미를 느끼겠구나 싶었다. 책을 잘 읽는 아이라 충분히 소화할 수 있으리라는 생각도 들어 뿌듯했다.

그런데 대학 입시 원서를 쓰기 위해 책 3권을 골라야 했을 때, 작은아이가 책을 선택하면서 너무 오랫동안 고민하고 있었다. 작은아이에게 도움이 될까 해서 나는 《데미안》을 권했다.

"너 《데미안》 여러 번 읽었잖아. 《데미안》 어때?"

작은아이로부터 의외의 대답이 돌아왔다.

"잘 몰라요. 느낌도 없고 어려워서 하나도 기억 안 나요."

돌이켜보면 중학생이 소화하기에는 《데미안》은 어려웠던 것 같다. 또 나는 '때가 돼야 한다'는 생각을 잊고 있었다. 중학생인 작은아이한테 《데미안》은 어른의 음식과 같았기 때문이다.

결국, 작은아이의 《데미안》 읽기는 선생님과 엄마의 욕심에 의한 것이었을 뿐이다. 아마 작은아이는 《데미안》이라는 음식을 입에 넣자마자 뱉어 버리고 싶었을지도 모른다. 선생님이 '좋은 책'이라고 강요하니 읽었지만, 정작 머릿속에 남는 건 별로 없었던 것이다.

이에 반해 큰아이는 시키는 대로 하는 아이가 아니었다. 큰아이는 '호기심 천국'이었고, 다양한 것에 관심을 보였다. 학교에서 집으로 곧장 오는 법이 없었다. 오죽하면 큰아이를 통통 튀는 '럭비공' 혹은 옆으로 걷는 '게'라고 불렀겠는가. 그만큼 예측이 안 되었고, 앞으로 쭉 가는 것도 안 되는 아이였다. 일찌감치 큰아이가 뭔가를 하겠다고 하면 나는 그저 지켜 보기만 했을 뿐이다.

내가 그렇게 키웠으니 누구를 원망하랴! 내가 뭐라 한들 큰아이에게는 별 소용이 없다는 것을 일찍 깨달았다. 큰아이를 어떻게 해 보겠다는 생각을 빨리 포기해 버렸던 것이다. 그럼에도 시간이 흐르다 보니 나도 모르게 큰아이를 지지하면서 기다려 주고 있었다.

큰아이는 커 가면서 자기 색깔을 분명하게 드러냈다. 누구보다 주관도 확실하고, 본인이 하겠다고 하면 반드시 하는 스타일이었다. 큰아이는 비록 후회하게 될지라도 하고 싶은 것을 꼭 시도해 보는 성격의 소유자였다. 그 대신 책임도 스스로 져야 한다는 사실도 일찍 깨우칠 수 있었다. 그런 성격의 아이인지라 좋지 않은 성적이 나와도 쿨하게 받아들였다.

큰아이는 자라면서 공부를 비롯한 거의 모든 것을 자기주도적으로 해 나갔다. 대학에서 전공을 선택할 때도 그랬고, 동아리 활동을 하겠다면서 4년 장학금을 날려 버릴 때도 그랬다. 자기 삶의 주인이 되어 열심히 살아가는 큰아이가 부럽기도 했다.

어떤 엄마들은 지금도 내게 묻는다.

"대학생이 된 자식들에게 무엇을 해 주면 좋을까요?"

이런 엄마들에게 나는 조심스럽게 대답해 주곤 했다.

"아이들이 알아서 하겠죠."

그러면 엄마들이 또 물었다.

"그 집 큰아이는 뭐 해요?"

오히려 나는 그런 엄마들에게 이렇게 되묻고 싶었다.

'댁의 아이한테 뭘 더 해 주고 싶으세요?'

솔직히 큰아이가 무엇을 하고 다니는지 모른다. 가족끼리 식사를 하면서 큰아이가 이야기하는 정도가 내가 아는 전부였다. 그것만으로도 '큰아이가 열심히 살고 있구나' 정도로 생각하고 있었다. 나는 지금도 두 아이가 스스로 자기 삶을 열심히 살아가겠지, 하고 믿어 버린다. 모름지기 부모라면 성장하는 아이들을 지켜 보면서 믿고 지지해 주는 것으로 족하지 않을까. 그러면 아이들은 믿음의 크기 만큼 '멋진 어른'으로 성장해 줄 것이다.

Tips

1. 아이를 부모로부터 정신적으로 독립시키자.
2. 아이가 스스로 해볼 수 있도록 기회를 주자.
3. 아이가 도움을 요청할 때까지 기다려주자.
4. 아이가 자신의 삶을 만들어갈 수 있도록 도와주자.

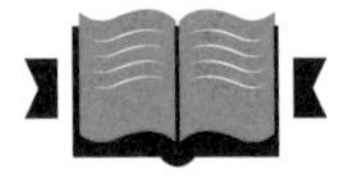

‘빠른’ 아이는 빠른 대로, ‘좀 늦은’ 아이는 늦은 대로

학습이 ‘빠른’ 아이가 있고 ‘좀 늦은’ 아이도 있다. 그런데 잘 알고 지내는 엄마는 아이가 좀 늦은 편이라며 병원에 데리고 가 검사까지 받았다고 한다. 예전에 나는 이 아이를 가르쳤던 적이 있다. 받아들이는 것이 늦었을 뿐 아이는 극히 정상이었다. 그래도 아이의 엄마는 아이한테 문제가 있다고 우겨댔다. 왜 그랬을까?

문제는 아이가 너무 많은 것을 배우러 다닌다는 점에 있었던 것 같다. 배운 것을 제대로 축적할 시간이 없을 정도로 이 학원 저 학원으로 끌려다녔던 것이 ‘좀 늦은’ 원인이 아니었나 싶다. 뭐든 하나라도 꾸준히 시켜서 성과를 내게 했더라면 이런 사달은 나지 않았을 것이다.

나 역시 이 엄마에게 뭐라 할 자격이 없다고 생각했다. 큰아이에게 한글을 불필요하게 일찍 가르친 적이 있었기 때문이다. 그 당시 TV광고에서 2~3살 되는 아이가 혼자서 책을 술술 읽는 장면을 본 게 원인이었다. 모든 아이들이 그렇게 일찍 한글을 배우고 책을 읽는 줄 알았다. 또 큰아이가 혼자서 책을 읽으면 내가 책을 읽어주지 않아도 된다는 '얄팍한' 생각마저 했다. 더 나아가 나는 그 시간에 다른 일도 할 수가 있다고 생각하며 가슴이 설레기까지 했다.

큰아이가 한글을 배울 무렵인 3살 때 일주일마다 5개 단어를 벽에 붙여놓은 적이 있었다. 큰아이에게 틈틈이 읽어 주고 스스로 읽는 것도 몇 번 반복시켰더니 벽에 붙은 한글을 금방 습득했다. 신기해서 다음에는 일주일에 10단어씩으로 늘려갔다. 처음에 큰아이는 칭찬받는 재미에 신나서 열심히 했다. 그러다가 언제부턴가 재미가 없는지, 10단어로 늘려서 부담스러웠는지 하지 않으려고 했다. 그럼에도 설득도 하고 야단도 치면서 단어를 계속 익히게 했다.

놀랍게도 큰아이는 글자를 하나씩 짚어가면서 글을 읽더니 신기할 정도로 금방 책을 읽을 수 있게 되었다. 큰아이가 3살부터 책을 읽게 되었으니 무지 자랑스러웠다. 그런데 기쁨은 오래가지 않았다. 얼마 안 가서 큰아이가 책을 들고 오더니 엄마가 읽어 주는 책이 더 재미있다면서 읽어 달라는 게 아닌가.

처음에는 엄마를 옆에 두고 싶어서 그런 줄 알았다. 하지만 큰아이가 책 읽는 것을 보면서 그게 아니라는 것을 금방 알아 차릴 수 있었다. 한 글자씩 글자를 읽는 데 집중하다 보니 책 내용을 이해하기 어려웠던 것이다. 또 그림을 볼 여유도 없으니 상상해 보는 재미도 없었던 것 같다. '글자를 알면 상상력이 없어진다'는 말이 떠올랐다. 한글을 빨리 가르치겠다고 큰아이를 잡아 놨더니, 큰아이가 정작 학습에 흥미를 잃고 말았다. 교육의 첫 단추를 잘못 끼웠음을 절감하면서 하는 수 없이 큰아이가 초등학교 1학년이 될 때까지 책을 읽어 줬다.

'잘못 끼운 첫 단추' 때문이었을까? 한동안 큰아이는 엄마가 뭐 하자고 하면 겁부터 내는 것 같았다. 엄마가 하라는 것만 간신히 하고 새로운 시도를 하지 않았다. 그것을 깨달은 순간 겁이 덜컥 났다. 큰아이가 엄마 손을 벗어나지 못하는 바보가 되는 게 아닌가 싶어서였다. 엄마가 어릴 때부터 윽박지르며 시킨 공부 때문에 중고생 때 '이상해진' 아이들이 떠올랐다. 내가 바랐던 것은, 큰아이 스스로 자기가 원하는 걸 찾고 열심히 하는 모습이었는데 내 욕심에 눈이 멀었던 모양이다.

두 아이를 가르쳐 보고서야 아이마다 차이가 있다는 걸 뒤늦게 깨달을 수 있었다. 큰아이와 달리 작은아이는 어릴 때부터 엄마가 시키니까 하는 아이가 아니었다. 일찍부터 엄마를 자기 곁으로부터 멀리 떨어져 있게 만들었다. 꾸중을 들어도 작은아이는 스스로 잘못을 수긍하기 전에는 굽히지 않았다. 언젠가 작은아이를 이겨

보려다가 두 손 두 발을 다 들고 말았던 적이 있다. 하지만 그것이 오히려 다행이었는지도 모른다.

작은아이에게 한글이나 숫자를 주입하는 공부를 시키겠다는 생각을 전혀 생각하지 않았다. 큰아이의 일도 있고 해서 빨리 가르치는 것이 의미가 없다고 생각했기 때문이다. 작은아이는 6살 후반 무렵부터 한글을 배우기 시작했다. 그럼에도 진도를 잘 따라가지 못해서 한글 배우기를 중간에 쉬기도 했다. 큰아이 때는 중간에 쉬면 큰일 나는 줄 알았다. 하지만 이제는 그런 생각이 오히려 문제를 키울 수 있다고 보고 큰아이 때와 같은 실수를 반복하지 않으려고 노력했다. 나는 급한 마음을 내려놓고 천천히 가르치기로 했다.

작은아이에게 책을 읽어줄 때 책 제목을 한 글자씩 손으로 짚어가면서 읽어 주었다. 길거리를 걷다가 주변에 보이는 간판 읽어 보기 등 작은 노력도 시도해 보았다. 그러던 어느 날 작은아이는 설거지하던 나를 방으로 끌고 들어갔다.

"엄마, 나 이것 다 읽을 수 있어요."

방 벽에 붙여놓은 '가나다 한글판'을 가리키면서 한 말이었다.

"어머! 진짜?"

나는 탄성이 튀어나올 정도로 놀랐다. 글자를 하나씩 짚어 주었더니 작은아이가 정말 잘 읽었다.

'작은아이가 글을 읽어내려고 혼자서 열심히 했구나.'

조그만 녀석이 '가나다 한글판' 앞에서 혼자 글자를 읽어내려고 애쓰는 모습이 머릿속에 떠오르더니 작은아이가 정말 기특해 보였다. 자신감이 생기고 나서야 비로소 작은아이는 나에게 자랑스럽게 보여 주었던 것이다. 그후부터 작은아이는 혼자서도 책을 잘 읽었다. 이런 작은아이의 '자립적인' 성격은 피아노 선생님을 당황하게 만든 적도 있었다.

작은아이는 피아노 치는 걸 좋아해서 초등학교 1학년 때부터 피아노를 배우기 시작했다. 어느 날 선생님이 수업을 하다 말고 나더러 방으로 들어오라고 했다. 선생님 표정이 좋지 않아서 무슨 일이 생긴 걸 짐작했지만, 방에 들어가서 더 놀라게 되었다. 작은아이가 몹시 화난 듯이 고개를 숙이고 앉아 있었다. 한 손을 건반 위에 두고서 발로 피아노를 툭툭 차고 있었다. 선생님은 작은아이가 피아노 앞에서 꼼짝도 하지 않는다고 했다.

일단 선생님에게 수업을 끝내 달라고 요청했고, 선생님이 나간 후 작은아이에게 "왜 그랬느냐"고 물었다.

"혼자서 피아노를 잘 치고 싶은데 선생님이 자꾸 가르쳐 주시잖아요."

잔뜩 겁먹은 작은아이는 말하면서 막 울었다. 혼자서 해 보려는 아이인 건 알았지만, 이 정도인 줄은 정말 몰랐다. 작은아이는 다음 수업 때 선생님에게 사과하고 수업을 받았다. 선생님에게도 자초지종을 말하고, 작은아이가 혼자 하겠다고 하면 가급적 허락해 달라고 요청했다.

그런데 얼마 뒤 똑같은 일이 벌어졌다. 어쩔 수 없이 피아노 선생님은 작은아이의 수업을 그만둘 수밖에 없었다. 이 정도로 작은아이는 혼자 해 보고 싶어 했다. 나는 작은아이를 보면서 답답했지만 타고난 그의 기질을 받아들이기로 했다. 그 후부터는 작은아이가 하고 싶은 대로 내버려두고 기다려 주었다.

이렇듯 두 아이는 달라도 너무 달랐다. 모든 것이 빠른 큰아이와 늦은 작은아이를 보면서 중간 지점을 찾기가 어렵다는 것도 알았다. 또 두아이가 머리를 쓰는 방법이 완전히 다르다는 것도 알게 되었다.

큰아이는 우선 '통으로' 받아들여 '자기화'하는 아이였다. 이해도 빨랐다. 머릿속에 남아 있는 것도 있었지만, '새는' 구석도 많았다. 음식을 급하게 먹어 소화가 잘 안 되다 보니 영양소를 골고루 섭취하지 못하는 것과 같은 이치다.

이에 반해 작은아이는 자신이 이해를 먼저 해야 외우는 아이였다. 아니, 외웠다기보다는 이해하고 받아들여야 머릿속에 저장되는 방식이었다. 음식을 천천히 먹어 소화를 잘 시킴으로써 영양소를 골고루 섭취하는 것과 같은 이치다.

사람들은 빨리 받아들이는 큰아이가 똑똑하다고 했지만, 나는 그렇게 딱 잘라 말할 수 있다고 생각하지 않았다. 작은아이는 스스로 이해할 시간이 필요했을 뿐이다. 비록 작은아이는 답답할 정도로 오래 걸려도 한번 이해하면 오래 기억하는 것 같았다.

큰아이와 작은아이의 경우처럼 각자 자기만의 고유한 방법이 있기 때문에 자기에게 맞는 공부법을 찾아야 효과적으로 학습할 수 있다. 만약 내가 작은아이를 기다려 주지 못하고 다그쳤더라면 작은아이는 지금처럼 클 수 없었을지도 모른다. 또 작은아이가 한글을 배울 때 쉬지 않고 야단치면서 가르쳤더라면 작은아이는 배우는 것 자체에 흥미를 잃었을지도 모른다. 기다려 줬기 때문에 작은아이는 배움의 즐거움과 스스로 해냈다는 기쁨을 누릴 수 있었던 것 같다.

결론적으로 빠른 아이는 빠른 대로 늦은 아이는 늦은 대로 키우면 된다. 따라서 아이들이 자신에게 맞는 공부법을 찾을 때까지 기다려주자. 나도 아이들의 능력에 맞춰 키우다 보니, 큰아이와 작은아이가 각자 자기에게 맞는 공부법을 스스로 터득해 나가는 것 같았다.

언젠가 우리 아이들이 자신들의 IQ가 얼마나 되느냐고 내게 물어본 적이 있었다. 큰아이가 물어 보면 IQ123이라고 말했다. 작은아이가 물어봐도 IQ123이라고 말해 주었다. 두 아이 모두 탐탁치 않아 했다. 사실 나는 우리 아이들의 IQ검사를 해본 적이 없었다. 물론 안 했다고 말해도 우리 아이들이 믿지 않는 눈치라 중간 정도의 IQ를 말해 줬던 것이다. 나도 엄마들이 아이들에게 IQ검사나 적성검사를 받게 한다는 것을 알고 있었다. 그중 IQ가 높은 아이들이 자신의 IQ를 자랑삼아 떠들고 다닌다는 말도 들었던 터다.

IQ가 높든 낮든 우리 아이들이 노력하지 않으면 무슨 일도 해낼 수 없다고 생각했다. 만약 우리 아이들에게 IQ가 높았다고 했으면 아이들이 자만하고 방심했을지도 모른다. 또 IQ가 낮았다고 했으면 아이들은 열등감으로 심한 스트레스를 받았을지도 모른다. 내가 IQ검사를 굳이 받을 필요가 없다고 생각했던 것도 다 이런 이유 때문이었다. 그저 최선을 다했다면 그것으로 만족해야 되지 않을까.

Tips

1. 학습이 늦은 아이와 빠른 아이가 있다. 아이의 특성에 맞춰 지도하자.
2. 아이가 관심을 가지고 있는 것을 주도적으로 할 수 있도록 도와주자.
3. 적어도 1년 정도 배워야 성과를 느끼고 자신감을 가질 수 있다.
4. 우리 아이를 다른 아이와 절대 비교하지 말자.

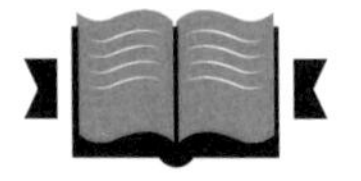

실패 후 격려를 받은 아이는 회복탄력성이 높아진다

아이들은 실수도 하고 실패도 하면서 배운다. 실수나 실패를 하지 않는다는 것은 아무것도 시도하지 않았다는 뜻일 수도 있다. 흔히 '실패'라는 단어가 나오면 사람들은 발명왕 에디슨의 '실패는 성공의 어머니'라는 말을 떠올린다. 이 말은 에디슨이 수많은 실패를 거듭한 결과 많은 발명품을 내놓았다는 데서 유래된 말이라고 한다.

"전구를 발명하기 위해 나는 9,999번이나 실험했고, 모두 실패했다. 그러자 친구는 1만 번째 실패까지 할 셈이냐고 물었다. 하지만 나는 실패한 게 아니고, 다만 전구가 만들어질 수 없는 원인이 9,999개나 있다는 사실을 발견했을 뿐이라고 대답했다."

에디슨의 이 명언은 배우는 과정에 있는 아이들에게도 그대로 적용될 수 있다.

과거 내가 가르쳤던 한 여중생의 얘기다. 어느 날 그 여중생은 집에서 무슨 일이 있었는지 엄마에게 막말을 하더니 어렸을 적 이야기를 내게 꺼내 놓았다. 초등학교 1학년 때 받아쓰기 시험을 봐서 1개라도 틀리면 집에 들어가지 못했다는 것이다. 그럴 때마다 엘리베이터를 타고 1층부터 자기 집이 있는 13층까지 오르락내리락하기를 수 없이 반복했다고 한다. 집에 가면 엄마한테 혼날까봐 너무 무서웠기 때문이었다고 한다.

그 여중생은 내가 가르쳐준 대로 영어시험을 열심히 준비했고, 특히 외워서 하는 것은 완벽히 해냈다. 하지만 조금만 어렵거나 시험과 상관없는 내용이 나오면 하지 않으려고 했다. 고등학교에서 필요한 지식을 가르쳐 주면 어렵다며 배우려고 하지 않았다. 도전의식이나 학습의욕은 전혀 없고, 그저 현재의 성적을 유지하는 데만 집착을 보였다.

중학생 때는 학습 습관을 바로잡으면서 깊이 있는 사고를 할 수 있는 내용을 접할수록 좋다. 그래야 고등학교에 가서 많은 학습량을 소화해낼 수 있기 때문이다. 하지만 그 여중생은 성적에 대한 강박증 때문인지 매번 중간·기말고사 준비만 하려고 했다. 공부량을 늘려가며 실수도 해 보고 실패도 하면서 성적에 대한 강박증을 극복해야 했는데 함께 공부하는 동안에는 극복하지 못했다.

그 여중생과 겪은 이런 경험들은 나에게 커다란 가르침을 주었다. 실수나 실패를 두려워하지 않고 도전해 보는 자세를 갖는 것이 얼마나 중요한지를 알게 되었다. 또 과정을 무시한 채 결과만 보고 아이를 혼내거나 벌을 주어서는 안 된다는 사실도 깨달을 수 있었다. 이런 점에 유의하면서 나는 아이들을 키울 수 있었다.

큰아이가 초등학교에 다닐 때는 국어·수학·사회·과학 과목의 시험을 치렀다. 큰아이는 시험을 볼 때 문제를 빼놓고 푸는 나쁜 습관이 있었다. 한번은 시험치러 가는 큰아이를 붙잡고 "풀지 않은 문제가 있는지 시험지를 잘 체크해 봐"라고 신신당부한 뒤 학교에 보냈다. 시험을 보고 온 큰아이는 분명히 열심히 체크하면서 풀었는데 시험지를 낼 때 보니 뒷장에도 문제가 있다는 것을 뒤늦게 알게 되었다고 한다. 남편과 나는 어이가 없어 웃고 말았다. 학년이 올라가도 큰아이는 실수를 계속했다. 보다 못해 내 친구한테 하소연하듯이 말했더니 내 탓으로 돌렸다.

"네 잘못이야. 아이가 실수할 때마다 따끔하게 혼내지 않았으니까 그렇지."

나는 사실 저 큰아이에게도 그 여중생처럼 실수에 대한 강박증이 생길까봐 야단칠 수 없었다. 친구의 말을 듣고 난 뒤부터는 더욱 '성적 때문에 아이를 혼내지는 말자'고 굳게 마음먹었다.

"엄마, 철수(가명)는 2개 틀려서 은상을 받았는데, 엄마한테 혼난다며 집에 못 들어간데요. 2개 틀리면 잘한 것 아닌가요?"

어느 날 큰아이가 수학경시대회 성적표를 가지고 오면서 눈을 동그랗게 뜨고 내게 물었다.

"어머, 안 됐구나. 그런데 너는?"

큰아이는 3개 틀려서 동상을 받았다고 자랑스럽게 말했다.

나는 큰아이를 칭찬하면서 그날 저녁 동상 기념 파티를 열어 주었다. 이런 나의 과잉 반응은 2개 틀렸다고 집에 못 들어간 아이가 안쓰러워 보였기 때문이다.

그 엄마는 자기 아이의 심정을 알았을까? 아마도 그 엄마는 수학 문제 몇 개 틀린 것 때문에 화가 나서 자기 아이가 상처를 받을 수 있다는 생각을 못했을 것이다. 그 아이가 예전에 내 제자였던 그 여중생처럼 밖에서 서성이고 있을지도 모른다고 생각하니 마음이 아팠다.

그러나 우리 큰아이는 3개 틀렸지만 동상이라도 받은 것을 좋아했다. 물론 자신도 100점을 맞아보고 싶다는 말에 나는 그것만으로도 감사하고 만족스러워했다. 큰아이가 앞으로 100점 맞으려고 노력을 하겠구나 싶어서였다.

큰아이는 여전히 실수를 하면서 중학교를 마쳤고, 그 상태로 고등학생이 되었다. 하지만 시간이 갈수록 실수를 줄이려는 노력을 해 나갔고, 결실도 보기 시작했다. 큰아이는 공부만 열심히 하는 학생은 아니었다. 오히려 다양한 활동과 대회 참가 등으로 분주한 시간을 보내면서 고등학교 생활을 즐기는 학생이었다. 어쩌면 수시에 최적화된 학생이었는지도 모른다. 하루는 영어 디베이트를 준비한다고 며칠 밤을 새더니, 현관문을 열고 들어오면서 쓰러진 적도 있었다.

큰아이는 대회에 나가서 좋은 성적을 못 내면 너무 속상해했다. 그뿐이었다. 다음에는 꼭 상을 받기 위해 더 열심히 준비했다. 나 또한 처음에는 큰아이가 실패하고 아파하는 것을 보면서 몹시 속상했지만, 몇 번 겪다 보니 속상할 일이 아니라고 여기기 시작했다. 오히려 큰아이가 대회에서 상을 못 받으면 큰아이를 위로하면서도 '다음에는 더 노력하겠구나!' 싶어 안도했다.

큰아이에게는 공부도 마찬가지였다. 중간고사 성적이 안 좋으면 기말고사 성적을 올렸다. 이렇게 '널뛰기'를 하는 큰아이를 보자니 잔소리가 목까지 올라왔다. 그때마다 큰아이는 실패를 하면 에너지가 더 생기는 아이라는 사실을 떠올렸다. 오히려 잔소리를 하면 큰아이나 나나 감정만 상하고 좋아질 것 같지 않아 그냥 지켜보기로 했다.

'사람이니 쉬기도 해야지.'

이렇게 큰아이가 숨 고르기를 한다고 여겼다. 이는 잘한 선택이자 바람직한 기다림이었음을 큰아이가 나중에 증명해 주었다. 큰아이는 스스로 페이스를 조절하면서 무사히 고등학교 3년을 마칠 수 있었으니까 말이다.

《행복을 배우는 덴마크 학교 이야기》라는 책에 따르면, 덴마크 학교에서는 실패라는 뜻을 가진 영어 단어 'FAIL'의 의미를 'First Attempt In Learning(배우는 과정에서의 첫 시도)'의 약자라고 설명해

준다고 한다. 아이들이 결과보다는 과정을 중요시하도록, 실수나 실패를 두려워하지 않도록 하기 위해서란다. 이처럼 덴마크 학교의 교실에서는 아이들이 실수나 실패를 하면서 다함께 배운다. 더욱이 경쟁은 다른 사람과 하는 것이 아니라 실수나 실패를 극복하기 위해 노력하면서 자기 자신과 해야 한다고 배운다.

덴마크의 아이들처럼 좋은 점수나 좋은 성과에 대한 강박증에서 벗어나려면 부모의 적극적인 도움이 필요하다. 시도하면서 실수나 실패를 통해 과정의 중요성을 알게 해 주어야 한다. 또 실수나 실패를 극복하는 힘도 기를 수 있도록 도와주어야 한다. 또한 아이들이 어릴 때부터 이런 경험을 할 수 있도록 부모나 선생님은 아이들을 격려해 주어야 한다. 실수하거나 실패한 이야기를 아이들에게 들려 주면서 용기를 북돋아 주어야 한다.

Tips

1. 실패는 배우는 과정이다.
2. 학교 행사나 대회에 참가해 평가할 수 있는 기회를 갖게 해주자.
3. 결과에 일희일비하지 말고, 준비 과정을 즐기도록 격려해주자.
4. 성적 때문에 혼내지 말자. 어떤 점이 부족한지를 검토하게 하자.

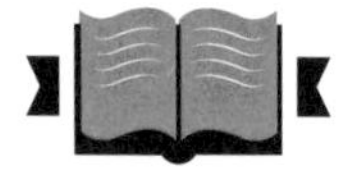

자기 정체성을 찾아가는 사춘기 아이 바라봐주기!

사춘기 때 부모의 역할은 매우 중요하다. 아이들이 정서적으로 안정된 상태를 유지할 수 있도록 배려하고 도와줘야 하기 때문이다. 특히 이 시기에 있는 아이들이 학습의 기본을 어떻게 닦아 놓느냐에 따라 고등학교에서의 생활이 좌우된다. 이때 적절한 고민과 방황을 하면서 정체성을 찾은 아이들은 학업에 전념할 수 있는 에너지를 만들어낼 수 있다.

독일계 미국 정신분석학자 에릭 에릭슨은 청소년기 정체성 위기의 해결 방법을 제시한 바 있다.

"청소년은 자신이 어떠한 존재이며, 장차 자신에게 최고의 가치가 무엇인지 확실히 인식한다면 정체성을 획득한다. 그렇지 못하면 역할 혼란에 빠진다."

흔히 사람들은 예상치 못한 아이들이 명문 대학에 합격하면 비아냥 섞인 어조로 말하곤 했다.

"중학생 땐 별 볼 일 없었는데, 고등학교에 가서 잘했나 봐."

이런 아이들을 '별 볼 일 없는 아이들'이라고 말할 수는 없다. 책을 읽으면서 '나는 누구이며 무엇을 해야 할지'를 고민하면서 자신의 정체성을 조용히 찾고 있었던 아이들임에 틀림없다. 또 남 보기에 잘하진 못했을지라도 영어·수학공부를 꾸준히 해왔던 아이들일 것이다.

이에 반해 또 사람들은 처음부터 잘해서 명문 대학에 합격하는 아이들을 보면 좀 과장된 어조로 말을 했다.

"그런 아이들은 처음부터 다르게 태어났어."

물론 처음부터 천재로 태어났거나 대부분의 똑똑한 아이들이었을지 모르지만 열심히 노력한 대가를 받았다고 생각한다.

작은아이는 모두가 행복하게 살기를 바랐기에 친구들과 치열한 경쟁을 해야 하는 우리나라의 교육 현실이 싫다던 '순진한 아이'였다. 어릴 때는 착한 사람을 지켜주고 나쁜 사람을 잡아 벌 주겠다면서 검사가 되겠다고 했다. 작은아이는 게임도 '적당히' 즐기면서 자기 할 일을 하는 아이였기에 나는 별로 걱정하지 않았다.

그러던 작은아이가 조금씩 달라져 갔다. 늦은 밤까지 게임을 하는 것은 다반사가 되었다. 처음에는 혼내고 감시도 했지만, 계속 혼내면서 지켜볼 수는 없었다. 얼마 동안 속을 끓다가 하는 수 없이 내 욕심을 내려놓기로 했다.

"자기 스스로 책임질 수 있는 사람이 되라."

작은아이에게 해줄 수 있는 유일한 말이었다. 어려서부터 아무것도 걱정할 것 없던 아이였기에 믿어 보려고 던졌던 말이다. 물론 게임을 하는 아이를 믿기가 얼마나 어려운지를 보통 엄마라면 알 것이다. 나도 작은아이가 마치 문제아가 되기라도 한 것처럼 매일 눈물이 났을 정도다.

어느 날 작은아이는 장래 희망을 다시 생각해 보겠다고 했다.

"아무것도 모른 채 검사가 되겠다고 한 것 같아요. 어떤 직업이 있는지 알아볼 게요."

작은아이의 갑작스런 말에 놀랐다. 자신의 미래 모습을 그려본다는 그 말에 훌륭한 생각이라고 칭찬도 해 주었다. 나 또한 작은아이에 대해서 다시 생각해 볼 시간을 갖게 되었다. 그동안 내가 마음을 비워서인지 작은아이가 PC방을 드나들어도 화가 나지 않았다. 다행히 작은아이는 게임을 하긴 했어도 학원을 빠지지 않고 다니는 등 자기 일을 알아서 했다. 수학학원도, 영어학원도 착실히 다녔다. 책도 꾸준히 읽었다. 성적은 만족스럽지 않았지만 욕심을 버리기로 했다. 모든 것을 잘하는 아이가 되었으면 하는 마음을 버리고, 자신을 찾아가려고 노력하는 작은아이를 기다려 주기로 했던 것이다.

얼마 지나지 않아 작은아이는 프로파일러가 되고 싶다고 했다. 작은아이가 경찰대 출신 프로파일러를 만나서 직업 체험을 한 다음에 스스로 내린 결정이었다. 자기가 하고 싶은 걸 스스로 찾아낸 작은아이가 대견스러워 보이기도 했다.

큰아이 또한 마찬가지였다. 욕심을 부리면서 많은 것을 했던 큰아이가 중학교 2학년이 되자 노는 재미에 흠뻑 빠져 아무것도 하지 않았다. 겨우 수학공부만 하고 있었고, 영어도 간신히 현상 유지나 하는 수준이었다. 나는 그걸로 만족하고서 공부하라는 소리를 일체 하지 않고 기다려 주었다.

중학교 2학년이 끝나갈 무렵에 큰아이가 내게 물었다.

"다른 아이들은 뭔가를 하고 있는데, 왜 저는 아무것도 안 하고 있어요?"

"무엇을 하고 싶니?"

"나도 상 받고 싶어요."

나는 큰아이에게 자신 있는 걸 찾아서 해 보라고 했다. 큰아이는 사춘기를 겪으면서 뒤떨어진 자신을 발견하고 나서야 자기가 해야 할 것을 찾기 시작했다. 이후 큰아이는 자기의 삶을 걱정하며 스스로를 만들기 위해 죽을 힘을 다했던 것 같다.

이처럼 시간을 주면서 기다려 주었더니, 우리 아이들은 보란 듯이 달라진 모습을 보여 주었다. 물론 작은아이가 자신의 진로를 찾아보겠다고 했을 때 기다리는 동안 내 속은 타들어 갔다. 너무 오래 걸리면 어쩌나 싶기도 했다. 다행히 작은아이는 심리학에 관한 책도 도서관에서 빌려보고, 프로파일링 관련 책도 사서 읽었다. 프로파일러를 직접 만나러 가기도 했다. 나의 걱정을 무색하게 할 정도로 철저히 준비했던 것이다. 나는 작은아이가 선택한 것을 기쁘게 받아들였다. 중학생인 작은아이가 스스로 직업 탐방을 하고서 선택한 길에 대해 박수갈채를 보냈다.

국어·영어·수학을 제외한 다른 과목은 짧은 시간에 따라잡을 수 있다고 생각했다. 그래서인지 작은아이가 PC방에 갔다가 수학학원에 가는 것만으로도 만족해했다. 또 책 읽기와 영어·수학만이라도 시킬 생각이었기에 작은아이의 감정을 건들지 않기로 했다. 아이들이 공부하고 싶다고 마음먹었을 때 도와줘도 늦지 않다고 믿었기 때문이다.

그러나 우리 아이들도 공부 부담이 있는 고등학교에서 받을 스트레스를 버티기 위한 준비가 필요하다고 생각했다. 나는 그저 우리 아이들이 앞으로의 삶에서 열등감과 학업 스트레스 때문에 힘들지 않고 기본이라도 갖춰서 무엇을 하든 당당히 살기를 바랐다. 또 공부를 하지 않더라도 '못해서'가 아니라 '다른 걸 더 하고 싶어서'이기를 바랐다. 아이들이 언제 무엇을 해도 좋을 수 있도록 기본 정도는 닦아주고 싶었던 것이다.

우리 아이들은 사춘기를 겪은 뒤 바람 대로 자신의 길을 가면서 자기만의 공부법을 찾아갔던 것 같다. 큰아이는 자기가 잘하는 것을 찾으려고 아주 열정적으로 노력했다. 공부해야 할 때는 단기계획을 세워 하는 편이었다. 때론 밤을 꼬박 새우고 공부할 때도 있었다. 작은아이는 대기만성형이었다. 아무것도 안 하는 것 같은데 이미 해 놓아서 나를 놀라게 했을 정도다. 작은아이는 언제 공부하나 싶어 걱정스러웠고, 고등학교 2학년 때까지 도서관에서 책을 빌려다 보고 있어 불안하기까지 했다. 그런데 아무도 모르게 자신만의 공부법으로 꾸준히 공부하고 있었던 것 같다. 이렇듯 우리 아이들은 자신의 삶을 만들어 가고 있었다.

아이들이 고민하고 방황하는 시간을 아깝다고 생각하지 말고 다그치지 않았으면 한다. 부모들이 고민하는 아이들을 이해해 주면서 함께 해 준다면, 아이들은 오히려 빨리 자기 자리로 돌아올 것이라고 확신한다. '이해하고 함께한다'는 것이 쉽지 않다는 것을 나는 안다. 나도 분명 그런 우리 아이들을 보고 있는 것이 힘들었으니까.

그럼에도 나는 '고민하며 성장하는 우리 아이들이 단단하게 자라서 세상을 멋지게 살 것이다'라는 믿음을 갖고 있었기에 참고 기다릴 수 있었다. 아이들은 자기를 위해 공부를 열심히 했고, 대학이라는 인생의 첫 관문을 무사히 통과할 수 있었다. 지금도 아이들은 각자의 삶에 대해 스스로 고민하며 꿈을 찾아가고 있다.

Tips

1. 어떤 상황에서도 아이를 감정적으로 대하지 말자.
2. 아이가 영화나 책 등을 통해 정체성을 찾을 수 있도록 도와주자.
3. 책 읽기와 영어·수학을 중심으로 공부 습관을 들이자.
4. 아이가 스스로 자기만의 공부법을 만들 수 있도록 도와주자.

아이들의 갑작스런 무기력증을 치유하는 방법

키우다 보면 아이들이 어느 날 무기력증에 빠지는 경우를 볼 수 있다. 막다른 길에서 갈 곳을 잃고 힘들어 하면서 어디론가 도망치고 싶어 하는 식이다. 공부를 잘하고 있던 아이들조차도 담배를 피우는 등 이상한 행동을 보이기도 한다. 일반적으로 이런 아이들은 공부가 잘 되지 않거나 입시 압박 때문에 괴로워하는 것이 주된 원인이다. 힘든 과정을 견디지 못해서 회피하고 싶은 심정에서 기인하는 것이다.

엄마들도 이런 상황에 부딪히면 무척 당황스러워한다. 이런 아이들 중 대부분은 엄마 탓으로 돌리는 경향이 있어 당혹스럽기까지 한다. 단언컨대 엄마 때문만은 아니다. 오히려 아이들이 확실한 목표의식과 동기부여가 없기 때문에 이런 사달도 일어나는 것이다.

자기 스스로 세운 목표가 있거나 동기부여가 되어 있다면 자신의 삶을 내팽개치지도 않을 것이기 때문이다. 뚜렷한 목표나 분명한 동기를 가진 아이들은 부모뿐만 아니라 다른 사람들과의 관계도 좋다. 이런 아이들은 주변과의 관계를 불편하게 만드는 것이 자신의 삶에 도움이 되지 않는 것도 잘 안다.

이쯤 되면 엄마의 역할은 분명해진다. 아이들에게 뚜렷한 목표와 동기를 심어 주는 일이다. 그러면 아이들은 멋진 삶을 꿈꾸면서 힘든 상황을 극복할 수 있는 힘을 얻게 되고, 금세 제자리로 돌아오게 마련이다.

큰아이는 외국어고등학교의 국제전형에 지원했다가 떨어졌다. 어린 나이에 쓰라린 경험을 한 큰아이를 지켜보는 것은 나에게도 힘든 일이었다. 하지만 첫 번째 실패 경험은 큰아이에게 전화위복이자 확실한 동기부여를 해 주었던 것 같다. 큰아이는 대학에서 가까운 친구들과 다시 만날 수 있기를 학수고대하며 열심히 공부했으니까 말이다.

어느 날 캐나다에 사는 친구가 서울에 놀러왔다가 우리 집에 며칠 머무른 적이 있었다. 그때 큰아이에게 캐나다 유학 바람을 잔뜩 불어넣었다. 힘든 고등학생 시절을 보내고 있던 큰아이는 마치 살 길을 찾은 것처럼 유학을 가겠다며 난리를 피웠다. 나는 큰아이에게 유학을 허락했지만, 조건을 붙였다. 일단 우리나라에서 결과에 상관없이 최선을 다해 고등학교를 마치는 조건이었다.

"여기서 힘들다고 도망가듯이 유학을 간다면 거기서 잘할 수 있을까? 캐나다 대학에서 공부하기는 훨씬 더 어려울텐데…. 네가 우리나라에서 고등학교를 잘 마무리하고 간다면 나도 너를 믿고 유학 보내줄 수 있을 것 같아. 그래도 지금 가야겠어?"

큰아이는 잠시 생각하더니 고등학교를 마치고 가겠다고 했다. 나는 이렇게 또 하나의 높은 산을 넘을 수 있었다.

여느 고등학생들과 마찬가지로 큰아이는 고등학교 2학년 때부터 줄곧 우리나라의 교육 제도에 대해 불만이 많았다. 이런 큰아이의 태도에 나는 조심스럽게 맞받아 주었다.

"그러면 네가 커서 교육부 장관 하면 되겠네."

또 매사에 긍정적이던 큰아이가 어느 날 '죽고 싶다'는 말을 툭 내뱉은 적도 있었다. 가슴이 철렁했지만 내가 딱히 해 줄 수 있는 게 없었다.

"단 것 먹으면서 산책할까?"

나는 이 한마디를 큰아이에게 던졌다. 다행히 큰아이는 나를 따라나섰다. 우리는 함께 동네 한 바퀴를 도는 것이 고작이었다. 아이스크림을 먹거나 달달한 캐러멜 마키아토 커피를 마시며 큰아이가 답답한 마음을 열고 투덜거리는 소리를 그저 들어주기만 했다. 언제나 그랬듯이 큰아이는 가방을 싸서 평상시처럼 독서실로 향했다.

지금은 그 이야기를 꺼내면 큰아이는 믿을 수 없다는 듯이 나에게 되묻기도 한다.

"내가? 에이, 말도 안 돼요!"

하루는 큰아이가 많이 우울해 보였다. 다른 때와 다르게 아무 말도 하지 않았다. 나는 큰아이의 눈치를 살피면서 가볍게 말을 걸었다.

"행복하게 잘 살려고 공부하는 건데, 그렇게 힘들고 괴로우면 안 되잖아. 공부 말고 다른 길도 있어. 사람이 사는데 대학이 다는 아니야. 길은 많아. 이 길이 아니면 다른 길로 가면 돼. 네가 행복해질 수 있는 걸 찾으면 돼."

이 말을 듣던 큰아이는 아무 말 없이 가방을 주섬주섬 챙겼다.

"어디 가니?"

큰아이는 무뚝뚝하게 대답했다.

"독서실에요."

나는 큰아이의 등을 두드려 주면서 위로했다.

"인생에 지름길은 없단다. 피하지 말고 최선을 다해보고, 그 다음에 차선을 생각해보자. 세상에 그 어떤 것도 쉽지 않더라."

주변 사람들은 내가 큰아이를 믿었기에 그렇게 자신 있게 말할 수 있었던 것이라고 한다. 사실 나는 큰아이에 대해 믿는 구석이 있어서 그렇게 말한 것은 아니었다. 아니, 세상에 어떤 엄마가 아이가 힘들다는데 자신 있게 말할 수 있단 말인가. 오히려 큰아이가 '엄마, 더는 못하겠어. 나 그만 둘래!'라고 말하지 않을까 조마조마 했던 것이 사실이다. 나는 그 순간 큰아이가 어떤 선택을 하더라도 받아들일 각오로 진심을 담아서 말해 주었던 것이다. 몹시 떨렸지만 큰아이가 무거운 짐을 내려놓을 수 있었으면 하는 심정으로 돕고 싶었을 뿐이다. 나 또한 큰아이가 언제든지 다른 길을 갈 수 있다는 사실을 받아들이기로 마음을 먹었던 터다. 다행히 큰아이의 얼굴은 점차 밝아졌고, 또 이렇게 한 고비를 넘길 수 있었다.

이 당시에 나는 큰아이가 자신의 행복을 위해 스스로 선택한 길을 가고 있다고 믿었다. 그 과정은 뚜렷한 동기도 없이 가기에는 너무 길고 힘든 길이라고 생각했다. 나는 큰아이가 '선택에는 책임도 따른다'는 말도 잘 이해하고 있으리라 믿었다.

이유야 어찌됐든 큰아이는 누구의 강요도 받지 않고 자기가 택한 길을 걸었다. 아마도 스스로에게 동기부여를 하면서 평정심을 찾았는지도 모른다. '뒤처지지 않고 싶다', '멋지게 살고 싶다', '돈도 많이 벌고 싶다' 등과 같은 말을 스스로에게 수 없이 되풀이했는지도 모른다.

큰아이가 어려움을 이겨내고 공부를 해야 하는 다른 이유도 있었다는 사실을 뒤늦게 알게 되었다. 큰아이가 고등학교 3학년 때였다. 큰아이를 데리고 오는 길에 우연히 베스킨라빈스 아이스크림 가게를 지나던 때였다. 큰아이와 나는 의기투합하여 아이스크림을 사 먹었다.

그 다음 날 큰아이가 노트를 사러 문방구에 들어가는데 또 옆에 베스킨라빈스가 있었다. 내가 또 아이스크림을 사 먹자고 했더니 큰아이가 나를 이상하다는 듯이 쳐다보며 물었다.

"엄마, 우리 집 형편이 폈어요? 베스킨라빈스 아이스크림이 얼만지 아세요?"

깜짝 놀라서 나는 한동안 아무 말도 하지 못했다. 아마 내가 평소에 아이들에게 검소한 생활을 강조한 탓도 있었지만 큰아이가 우리 형편이 좋지 않다고 생각했던 모양이다. 큰아이는 돈을 많이 벌고 싶어서라도 공부를 열심히 했던 것 같다.

대학생 시절 나는 과외 아르바이트를 한 적이 있었다. 학생들이 시험을 잘 치러 좋은 성적을 내면 피자를 사 주곤 했다. 아이들은 피자를 먹으려고 더 열심히 공부했다. 그런데 유독 한 아이만 "피자는 엄마한테 말하면 금방 사 줘요"라고 하면서 시큰둥했다. 뜻밖의 반응을 겪은 후 나는 '물질적 풍요가 오히려 아이들을 무기력하게 만들 수 있다'는 것을 깨닫게 되었다.

이런 경험 때문에 나는 두 아이에게 돈의 가치를 가르치려고 애썼다. 돈을 쓸 때는 그만큼의 가치를 손에 넣을 수 있어야 한다고 교육시켰다. 또 돈을 버는 것보다 잘 쓰는 게 더 중요하다고 가르쳤다. 학원도 꼭 필요할 때가 아니면 다닐 필요가 없다고 강조했다. 또한 일단 학원을 다니게 되면 열심히 하라고 했고, 그렇게 하지 않을 거면 아예 그만두게 했다.

다행히 두 아이는 돈의 소중함을 아는 아이들로 자라 주었다. 특히 큰아이는 돈의 가치에 대한 교육을 받으면서 우리 집 형편이 어렵다고 생각했던 것 같다. 대학 합격자 발표 후 고등학교 3학년 담임 선생님에게 인사하기 위해 학교로 찾아간 적이 있었다. 그때 담임 선생님이 큰아이가 자신을 찾아와서 했던 말을 웃으면서 전해주었다.

"엄마가 너무 고생하시니, 꼭 등록금이 싼 서울대에 가고 싶어요."

선생님은 1년 내내 우리 집 형편이 어려운 줄 알았다고 한다. 한편으로는 큰아이에게 미안한 마음이 들기도 했지만 큰아이가 기특해 보였다. 큰아이에게 이런 동기가 있었기에 어려움을 극복하고 공부를 할 수 있었지 않나 싶었다.

반면에 작은아이에게는 특별한 동기부여가 필요하지 않았다. 작은아이한테는 서울대학교에 다니는 큰아이 자체가 동기 부여로 작용했던 것 같다. 나는 종종 작은아이가 문득 던지는 말 속에서 '잘하고 싶어 한다'는 걸 느낄 수 있었다. 공부를 못한다고 생각했던 형이 서울대학교에 합격하자 작은아이는 무척 놀랐던 것 같다. 그런 작은아이를 지켜봐 주고 격려해 주는 일 이외에 내가 할 수 있는 일이 없었다.

이러한 경제적 이유의 동기부여 외에도 얼마나 훌륭한 담임 선생님을 만나느냐에 따라 아이들의 학교생활이 달라질 수 있다. 우리 두 아이들은 선생님들의 사랑을 듬뿍 받은 덕에 목표를 잃지 않고 끝까지 잘해낼 수 있었다. 두 아이 모두 좋은 선생님을 만나는 행운을 잡았던 것이다. 특히 고등학교 3학년 때 만난 담임 선생님들은 아이들의 마음을 잘 보듬어 주었던 것 같다. 그 때 만난 담임 선생님이 큰아이를 잘 이끌어 주어 믿고 따라갈 수 있었다. 작은아이는 나보다도 더 그 때 담임 선생님에게 의지하며 더 많은 위로를 받았던 것 같다. 나 또한 작은아이 문제로 담임 선생님과 의논하면서 위로를 많이 받았다.

우리 아이들은 고등학교 3년의 시간을 보내면서 치러야 했던 숱한 일들에 슬기롭게 대처하면서 대학 입학이라는 목표를 이루어냈던 것이다. 가능하지 않을 것 같았던 목표를 달성하기 위해 가슴을 졸였던 적이 얼마나 많았는지도 모르겠다. 이제는 아이들이 인생에서 선택할 수 있는 길이 '여러 개'라는 사실을 새기면서 또 다른 어려움을 만나도 잘 극복할 수 있을 것이라고 믿는다.

Tips

1. 고등학생 때 아이의 입시 스트레스를 엄마가 받아주자.
2. 아이가 실패와 좌절을 스스로 이겨내고 일어설 수 있도록 지켜주자.
3. 엄마의 말 한마디는 약이 되기도 하고, 독이 되기도 한다.
4. 엄마가 먼저 학교 선생님을 존중하고, 믿고, 따르자.

아이가 인생을 신나게 살아가도록 하려면

나는 우리 아이들이 행복하게 살기를 바란다. 어떻게 하면 아이들이 행복하게 살 수 있고, 자랄 수 있을지에 대해 많이 고민해 왔다. 아이들을 키우면서 깨달았던 점은 내가 그들을 행복하게 만들 수 없다는 것이다. 하지만 무엇이 행복인지 아이들이 느끼게 해 줄 수는 있었던 것 같다.

우리 아이들은 자라면서 어떻게 사는 것이 행복한지 배워 나갔다. 아이들 각자가 무엇을 하고 싶은지 스스로 찾아갈 수 있었다. 엄마인 내가 계획을 짜지 않고, 찾아서 던져 주지도, 결정하지도 않았다. 그저 아이들을 지켜보며 기다리고 있다가 도와 달라고 하면 최선을 다해 도와주었을 뿐이다. 아이들은 때론 아파하고 때론 방황을 하면서 단단하게 자라 주었다.

자식에 대한 참사랑은 자식의 실패를 지켜봐 주고, 아픔을 딛고 일어설 때까지 기다려 주는 것이라고 배웠다. 지켜보는 나도 아팠지만 꾹 참으며 기다렸다. 하지만 어려움에 처한 우리 아이들을 지켜봐 주는 것이 직접 나서서 도와주는 것보다 더 힘들었던 것 같다.

그러나 어려움을 스스로 극복한 아이들은 성취감과 자기만족을 누릴 수 있다. 아이들이 성취해 보는 재미를 느껴보고 자존감을 갖도록 하는 것이 무엇보다 중요하다고 생각한다. 아이들이 스스로 자신의 가능성을 제대로 찾고, 자신의 능력도 발휘할 수 있게 도와주어야 한다. 자신의 능력을 펼쳐 하나씩 이뤄 나가는 것이 신나는 일이라는 것을 느낄 수 있게 해 주어야 한다. 그래야 비로소 아이들은 더 큰 꿈을 펼쳐 나갈 수 있을 것이다.

공부는 힘든 일이다. 하루아침에 금방 이루어지지 않는다. 하지만 꾸준하게 열심히 하다 보면 공부 방법을 스스로 깨우치게 마련이다. 당연히 성과가 나오고, 재미도 생긴다. 재미가 있으면 공부가 힘들지 않는다. '머리가 나쁘다/좋다'하는데, 사람의 머리는 큰 차이가 없다.

'늦었다'고 하는데, 시작하기에 늦은 때는 없다. 단지 어떻게 해야 하는지 아는 것이 중요하다. 꼭 스스로 자신의 머리를 쓰면서 배운 것을 이해하고 기억하여 조금씩 쌓아 가는 과정을 겪어야 한다.

공부에 빠른 길은 없다. 그런데 많은 부모들이나 아이들이 이런 과정을 견디지 못하고 빨리 쉬운 것만을 쫓고 있다.

최근 내가 만난 고등학교 1학년·2학년 학생들도 그랬다. 나는 그들을 통해 놀라운 사실을 알게 되었다. 그 학생들은 공부를 잘하고 싶다는 욕심이 있었기에 내 도움이 필요하다고 했다. 또 공부를 할 때의 이야기를 하면서 스스로 하겠다는 계획을 말하는데, 그럴듯해 보였다. 수시로 나한테 "OO 공부법 아시죠?"라고 묻기도 했다. 고1 학생이 물었을 때는 '그게 뭐지?' 싶었다. 고2 학생마저 그러자 '어? 같은 소리를 하네. 왜 이러지?' 궁금해졌다. 나중에 안 사실이지만 그 학생들은 시중에 나와 있는 책에 소개된 공부법과 유튜브에 돌아다니는 공부법을 이야기하고 있었다.

이들을 보면서 내가 제일 먼저 한 일은 '그 공부법'을 잊어버리게 한 뒤 일단 조금씩 직접 공부를 해 나가도록 이끄는 일이었다. 자기만의 공부법을 하나씩 찾아가도록 지도해 주었다. 각자한테 맞는 공부법은 공부를 하면서 자연스레 생긴다. 옷이나 신발을 살 때 자꾸 신어 보고 입어 보고 사도 새 것은 다소 어색하기 마련이지 않는가. 하지만 입고 신다 보면 금세 나한테 편해져 익숙해지는 것이다. 공부법 또한 그와 다르지 않다고 생각한다. 공부법도 결국 자기가 스스로 만드는 것이다. 어렵더라도 그냥 넘기지 말고 차곡차곡 쌓아 가다 보면 뜻하는 바를 얻을 수 있다.

이 두 학생들의 성적은 모두 중간 정도인데 소위 'SKY 대학' 가기를 원했다. 하지만 이들은 어떻게 할지 몰라 답답해하면서 공부도 하지 못하고 있었다. 부모들 또한 속이 타서 아이들한테 싫은 소리를 하다 보니 아이들과의 관계도 좋아 보이지 않았다.

위 사례는 우리 주변에서 볼 수 있는 아주 흔한 경우다. 너무 높은 목표를 세우고 걱정하느라 시간만 헛되이 보내고 있었다. 현실과 목표 간의 차이가 너무 커서 좌절한 채 아무것도 하지 않고 있었던 것이다. 그러다 보니 아이들은 수시니 정시니 하다가 내신도 포기한 채 재수한다는 경우가 생기고 있었다.

언젠가 관악산 밑에서 산에 못 올라간다고 떼쓰던 내가 생각났다. 위를 올려다 보니 돌산이었고, 무척이나 가파랐다. 나는 너무 힘들어 보여 나는 밑에서 기다리겠다고 버텼다. 그때 언니는 나에게 산책 삼아 조금만 올라가자고 말했다. 그 말에 조금 걸어 올라갔다. 앞에 돌계단이 보이자 나는 또 안 가겠다고 버텼다. 언니는 이 계단만 올라가자고 했다. 이렇게 조금씩 올라가다 보니 정상이 가까워졌다. 그때 언니가 갑자기 내려가자고 했다. 나는 여기까지 왔는데 못 내려간다며 정상까지 가자고 했다. 나는 그날 관악산 정상까지 올라가서 "야호!"를 외치며 부끄러움과 뿌듯함을 동시에 느낄 수 있었다.

사람들은 결과만을 본다. 전교 1등, 서울대학교, 수능 수석, 의대생 등…. 거기까지 갈 수 있는 과정은 보지 않고 결과만을 보고서 말한다. 이런 성취를 이룬 아이들을 '별종'이라고 말하기도 하고, '유전자가 특별나다'고도 한다.

그러나 이런 아이들 또한 여느 아이들과 다르지 않음을 인정하고, 이들이 힘들게 걸어왔던 과정도 생각해 주었으면 좋겠다. 좋은 대학이나 좋은 점수라는 꿈을 이룬 아이들 또한 산 정상을 보고 겁먹었던 나와 크게 다르지 않을 것이다. 아이들에게 시작을 두려워하지 말고, 있는 그 자리에서 헤쳐 나갈 수 있도록 용기를 북돋아 주었으면 한다. 부모의 도움은 이럴 때 필요한 것이다.

'최선을 다하면 된다'고 말하기보다 '어떻게 하는 것이 최선인가'를 말할 수 있는 부모라면 더 좋을 것 같다. 아이들이 두려워할 때 손을 잡아주고 용기를 줄 수 있는 부모가 되어 보자. 그러면 아이들은 자기 길을 스스로 찾아갈 수 있을 것이다. 아이들과 함께 부모도 성장하는 것 같다. 나 또한 두 아이들을 키우면서 비로소 어른이 되었다고 고백한다.

부모가 어떻게든 아이를 배려하고 인정해 주면 아이들은 잘 자라서 자신들이 원하는 길을 찾아간다. 우리 아이들과 함께 이 두 학생이 성장하는 것을 보면서 내린 결론이다. 아이들을 배려하고 인정해 주는 것은 그리 어려운 일도 아니라고 생각한다. 나를 산에 오르게 한 언니처럼 아이들이 미처 보지 못하는 것을 보도록 이끌어 주고, 스스로 생각해 볼 수 있게 지지하고 격려하면서 기다려 줄 수 있으면 족하다.

"덜고, 비우고, 버리고, 참고, 버티면서 기다려 주자."

Tips

1. 아이가 스스로 극복해나가는 과정을 기다려주자.

2. 아이가 자존감을 스스로 찾아갈 수 있도록 기회를 주자.

3. 공부법은 아이가 공부해나가면서 스스로 찾는 것임을 명심하자.

4. 아이가 작은 목표를 이루면서 성취감을 느껴볼 수 있도록 도와주자.

EPILOGUE

어느 날 후배가 퇴근하면서 나에게 전화를 걸어 왔다. 재수한 딸이 대학에 합격했다는 소식을 전해 주려고 했다는 것이다. 내 일처럼 너무 기뻐 소리를 지르고 야단법석을 떨며 축하를 해 주었다. 그제야 후배는 그동안의 고충을 한마디로 말해 주었다.

"자식이 내 인생에서 가장 어려운 파트너였어."

후배는 외국계 다국적 기업에 임원으로 일하고 있다. 독일·중국·싱가포르·말레시아 등에서 내·외국인 파트너들을 상대해야 하는 자리에 있다. 그 파트너와의 관계에 대해서는 '매뉴얼'이 있다고 한다. 그런데 자식과의 관계에는 그런 '매뉴얼'이 없다는 것이다. 너무나 공감이 되는 말이다. 아이도 부모도 처음 겪는 일이니까 당연할지도 모른다.

부모는 자식이 꽃길만 걷기를 원한다. 실패 없이, 아픔 없이 살기를 바란다. 하지만 삶의 해답을 가졌다고 생각하는 부모는 더 이상 아이들의 평등한 파트너일 수가 없다. 아이들에게 잘 사는 법을 일방적으로 강요하면서, 때로는 뜻을 따라 주지 않은 아이들에게 버럭 화를 내기도 하니까 말이다.

그러나 아이들의 생각은 좀 다르다. 스스로 잘하는 모습을 부모에게 보여주고 싶어 한다. 혹은 좋은 결과물을 보여 주면서 부모한테 인정과 칭찬받기를 기대한다. 그런데 부모한테는 이런 아이들의 생각 따위가 짧고 어리석어 보일 뿐이다. 이런 상황에서 대부분의 부모들은 남의 아이들의 문제라면 이성적으로 판단하여 "잘할 테니 믿어 보세요" 등과 같은 덕담을 담아 조언을 해 줄 수 있다. 하지만 유독 자신들의 아이들의 문제 앞에서는 꿀먹은 벙어리가 된 듯 말이 없거나 심지어 '바보'가 되는 경우도 흔하다.

나 역시 우리 아이들을 키우면서 그들이 스스로 하는 것을 지켜보는 과정은 너무나 어렵고 힘든 일이었다. 그냥 앞으로 가면 되는데, 자꾸만 옆으로 가는 아이들을 보면서 치밀어 오르는 화를 억누르고 있노라면 혈관이 부어오르다 툭 터질 것만 같았다. 특히 우리 아이들이 고등학생이었을 때에는 마음이 급해져 더욱 심해졌다. 하지만 지금에 와서 생각해 보면 그 오랜 시간 동안 화를 꾹 누르며 아이들과 공감해 보려고 애를 쓰면서 참고 견디기를 참 잘했다는 생각이 든다. 그때도 지금도 확실한 것은 지지와 격려를 받은 아이들은 언제 그랬나 싶을 정도로 다시 돌아서 반듯하게 가고 있었다는 점이다.

요즘 초등학교 저학년 아이들이 수학·영어·과학 등을 배운다고 이 학원 저 학원 기웃거리는 모습을 보면 정말 안타깝다. 엄마와 아이들이 얼마나 힘들까 하는 생각마저 들기도 한다. 또 당시 우리 아이들이 고만고만할 때 나도 꼭 해야 하는지 계속 고민하면서 무엇이 옳은지 몰라서 우왕좌왕했던 기억이 나기도 한다. 이런 고민을 하는 후배 맘들에게 꼭 해 주고 싶은 말이 있었다.

"조금 멀리 보면서 아이들을 키워 보세요. 그러면 아이들을 위해 무엇을 해야 할지 보여요. 모든 것이 빠르고 확확 바뀌는 사회에서 천천히 가기는 힘들겠지만, 결국 천천히 가는 길이 빠른 길이랍니다."

내가 참 잘했다고 생각되는 점은 '선택과 집중'이었다. 할 것이 많을 때는 꼭 한 가지를 정해서 될 때까지 최선을 다했다. 하나에 최선을 다하면 결과는 나오게 마련이다. 그 결과가 아이들의 기준이 되었고, 다른 것을 할 때에도 그 기준에 견주어 참고할 수 있었다.

아이들을 낳아 키우고, 아이들의 사춘기와 입시를 치르면서 엄마로서 산 시간들이 나 또한 자랑스럽고 좋았다. 덜고, 비우고, 버리고, 참고 ,견디며, 기다려 준 시간은 결코 헛되지 않았고, 나까지도 멋지게 만들어 주었다고 자부한다.

아이들을 키우는 시간이 희생의 시간인 줄 알았다. 나는 나 자신을 소위 '경력단절 여성'이라고 생각했다. 그런데 나도 아이들과 같이 성장하고 있었다. 지금까지 미뤄 두었던 내 삶을 살아 보기로 하면서 '코칭' 이라는 인생 직업을 얻게 되었다. 코칭 철학에 빠져 코칭 교육을 받으면서 일을 시작했다. 번역이나 통역할 때보다 피가 끓는 것을 느낄 수 있었다.

내가 누군가에게 도움이 될 수 있다는 것에 마냥 행복해하고 있다. 평상시 많은 '후배' 엄마들에게 아이들의 학업 관련 고민이나 육아 문제를 상담해 주었던 터라, 자연스럽게 부모·학생을 위한 코칭을 할 수 있었다. 이를 통해 알게 된 놀라운 사실은 내가 지금까지 한 경험들을 다 동원하여 활용할 수 있었다는 점이다. 누군가는 "사람이 한 가지 일을 5년 이상 하면 전문가가 된다"고 했다. 양육과 교육을 20년을 훌쩍 넘게 했더니 내가 전문가가 되어 있었다. 코칭 일을 하면서 그동안 내가 공부한 지식과 엄마로서 쌓은 이력들이 한군데로 모아져 에너지를 발산하면서 또 다른 삶의 재미를 즐기고 있다.

아이들 양육은 끝이 안 보이는 긴 터널을 지나는 과정 같았다. 내가 제대로 가는 건지 몰라서 늘 조바심을 안고 살았다. 하지만 끝이 났다. 끝나지 않을 것 같았던 긴 터널을 빠져 나올 수 있었다. 그 끝에 서니 반가운 빛이 보였다. 엄마로서 해야 할 일이라고 생각하고 열심히 살다 보니 보게 된 빛이었다. 이제 나의 일은 끝이 났고, 이제 성인이 된 우리 아이들이 헤쳐 나갈 일만 남아 있다. 당신에게도 이런 날이 반드시 올 것이다.

"힘내세요. 엄마들이여"

당신에게도
이런 날이 반드시
올 것이다!

서울대 합격시킨

아날로그 공부법

초판 1쇄 발행 2021년 02월 10일
초판 2쇄 발행 2021년 03월 15일

지은이 이소영
펴낸이 인창수
펴낸곳 태인문화사
디자인 플러스
신고번호 제10-962호(1994년 4월 12일)
주소 서울시 마포구 독막로 28길 34
전화 02-704-5736
팩스 02-324-5736
이메일 taeinbooks@naver.com

ISBN 978-89-85817-89-9 03590